『中国饭碗』丛书

丛书主编 师高民

油润醇香·胡麻

王忠艳 编著

『十四五』时期国家重点出版物出版专项规划项目

南京出版社

南京出版传媒集团

图书在版编目（CIP）数据

油润醇香·胡麻 / 王忠艳编著. -- 南京 : 南京出版社, 2023.10
（“中国饭碗”丛书）
ISBN 978-7-5533-4320-4

Ⅰ. ①油… Ⅱ. ①王… Ⅲ. ①胡麻－青少年读物
Ⅳ. ①S565.9-49

中国国家版本馆CIP数据核字（2023）第134298号

丛 书 名　“中国饭碗”丛书
丛书主编　师高民
书　　名　油润醇香·胡麻
作　　者　王忠艳
绘　　图　刘旭旺　隋　昕
出版发行　南京出版传媒集团
南 京 出 版 社
社址：南京市太平门街53号　　邮编：210016
网址：http://www.njcbs.cn　　电子信箱：njcbs1988@163.com
联系电话：025-83283893、83283864（营销）　025-83112257（编务）

出 版 人　项晓宁
出 品 人　卢海鸣
责任编辑　王　雪
装帧设计　赵海玥　王　俊
责任印制　杨福彬

制　　版　南京新华丰制版有限公司
印　　刷　南京凯德印刷有限公司
开　　本　787毫米×1092毫米　1/32
印　　张　4.625
字　　数　68千
版　　次　2023年10月第1版
印　　次　2023年10月第1次印刷
书　　号　ISBN 978-7-5533-4320-4
定　　价　28.00元

用微信或京东APP扫码购书

用淘宝APP扫码购书

特邀顾问

郄建伟	洪光住	曹幸穗	任高堂	娄源功	戚世钧
卞　科	刘志军	牛进平	张成志	孙云茂	王发明
李　昭	李景阳	王凤成	何东平	郑邦山	王云龙
高志信	刘红霞	李志富	常兰州	惠富平	魏永平
苏士利	闫新善	冯伯利	李建成	赵　奕	任罗乐
倪　婉	潘　力	蓝韶清	张　凌	张永太	张　华

主编单位

河南工业大学　　中国粮食博物馆

河南省首席科普专家师高民工作室

支持单位

中国农业博物馆	郑州大学
西北农林科技大学	沈阳师范大学
隆平水稻博物馆	中国农业大学
银川市粮食和物资储备局	武汉轻工大学
苏州农业职业技术学院	山东商务职业学院
湖南农业大学	西南民族大学

总序

"Food for All"（人皆有食），这是联合国粮食及农业组织的目标，也是全球每位公民的梦想。承蒙南京出版社的厚爱，我有幸主编"中国饭碗"丛书，深感责任重大！

"中国饭碗"丛书是根据习近平总书记"中国人的饭碗任何时候都要牢牢端在自己手中，我们的饭碗应该主要装中国粮"的重要指示精神而立题，将众多粮食品种分别著述并进行系统组合的系列丛书。

粮食，古时行道曰粮，止居曰食。无论行与止，人类都离不开粮食。它眷顾人类，庇佑生灵。悠远时代的人们尊称粮食为"民天"，彰显芸芸众生对生存物质的无比敬畏，传达宇宙间天人合一的生命礼赞。从洪荒初辟到文明演变，作为极致崇拜的神圣图腾，人们对它有着至高无上的情感认同和生命寄托。恢宏厚重的人类文明中，它见证了风雨兼程的峥嵘岁月，记录下人世间纷纭精彩的沧桑变迁。粮食发展的轨迹无疑是人类发展的主线。中华民族几千年农耕文明进程中，笃志开拓，筚路蓝缕，奉行民以食为天的崇高理念，辛勤耕耘，力田为生，祈望风调雨顺，粮丰廪实，向往山河无恙，岁月静好，为端好养育自己的饭碗抒写了一篇篇波澜壮阔的辉煌史诗。香火旺盛的粮食家族，饱经风雨沧桑，产生了众多优秀成员。它们不断繁衍，形成了多姿多彩的粮食王国。"中国饭碗"丛书就是记录这些艰难却美好的文化故事。

我国古代曾以"五谷"作为全部粮食的统称，主要有黍、稷、菽、麦、稻、麻等，后在不同的语境中出现了多种版本。在文明的交流融汇中，各种粮食品种从中东、拉美和中国逐步播撒五洲，惠泽八方。现在人们广泛称谓的粮食是指供食用的各种植物种子的总称。

随着人类社会的发展、科技的进步和人们对各种植物的进一步认识，粮食的品种越来越多。目前，按照粮食的植物属性，可分为草本粮食和木本粮食，比如，水稻、小麦、大豆等属于草本粮食；核桃、大枣、板栗等则是木本粮食的代表。按照粮食的实用性划分，有直接食用的粮食，比如，小麦、水稻、玉米等；也有间接食用的粮食，比如说油料粮食，包括油菜籽、花生、葵花籽、芝麻等。凡此，粮食种类不下百种，这使得"中国饭碗"丛书在题材选取过程中颇有踌躇。联合国粮食及农业组织（FAO）指定的四种主粮作物首先要写，然后根据各种粮食的产量大小和与社会生活的密切程度进行选择。丛书依循三类粮食（即草本粮食、木本粮食和油料粮食）兼顾选题。

对于丛书的内容策划，总体思路是将每种粮食从历史到现代，从种植到食用，从功用到文化，叙写各种粮食的发源、传播、进化、成长、布局、产能、生物结构、营养成分、储藏、加工、产品以及对人类和社会发展的文化影响等。在图书表现形式上，力求图文并茂，每本书创作一个或数个卡通角色，贯穿全书始终，提高其艺术性、故事性和趣味性，以适合更大范围的读者群体。力图用一本书相对完整地表达一种粮食的复杂身世和文化影响，为人们认识粮食、敬畏粮食、发展粮食、珍惜粮食，实现对美好生活的向往，贡献一份力量。

凡益之道，与时偕行。进入新时代，中国人民更加关注食物的营养与健康，既要吃得饱，更要吃得好、吃得放心。改革开放以来，我国的粮食产量不断迈上新台阶，2021年，粮食总产量已连续7年保持在1.3万亿斤以上。我国以占世界7%的土地，生产出世界20%的粮食。处丰思歉，居安思危。在珍馐美食和饕餮盛宴背后，出现的一些奢靡浪费现象也令人触目惊心。恣意挥霍和产后储运加工等环节损失的粮食，全国每年就达1000亿斤以上，可供3.5亿人吃一年。全世界每年损失和浪费的粮食数量多达13亿吨，近乎全球产量的三分之一。“一粥一饭，当思来之不易；半丝半缕，恒念物力维艰。”发展生产，节约减损，抑制不良的消费冲动，正成为全社会的共识和行动纲领。

“春种一粒粟，秋收万颗籽”，粮食忠实地眷顾着人类，人们幸运地领受着粮食给予的充实与安宁。敬畏粮食就是遵守人类心灵的律法。感恩、关注、发展、爱惜粮食，世界才会祥和美好，人类才会幸福生活。我们在陶醉于粮食恩赐的种种福利时，更要直面风云激荡中的潜在危机和挑战。历朝历代政府都把粮食作为维系国计民生的首要战略目标，制定了诸多重粮贵粟的政策法规，激励并保护粮食的生产流通和发展。行之有效的粮政制度发挥了稳邦安民的重要作用，成为社会进步的强大动力和保障。保证粮食安全，始终是国家安全重要的题中之义。

国以民为本，民以食为天。在习近平新时代中国特色社会主义思想指引下，全国数十位专家学者不忘初心、精雕细琢，全力将“中国饭碗”丛书打造成为一套集历史性、科技性、艺术性、趣味性为一体，适合社会大众特别是中小学生阅读的粮食文化科普读物。希望这套丛书有助于人们牢固树立总体国家安全观，深入实施国家粮食安全战略，进一步加强粮食生产能力、储备能力、流通能力建设，推动粮食产业高质量发展，提高国家粮食安全保障能力，铸造人们永世安康的“铁饭碗”“金饭碗”！

师高民

（作者系中国粮食博物馆馆长、中国高校博物馆专业委员会副主任委员、河南省首席科普专家、河南工业大学教授）

前言

亚麻品种繁多，根据用途大致可分为三类：油用亚麻、油纤兼用亚麻、纤维用亚麻。胡麻是油用亚麻和油纤兼用亚麻的俗称，是一种古老重要的油料作物，也是古老的织物原料。

胡麻耐寒、耐旱、耐贫瘠，适合在干旱高寒地区种植。我国胡麻种植主要分布在甘肃、内蒙古、山西、河北、宁夏、新疆等省（自治区）。

胡麻籽富含人体所必需的不饱和脂肪酸，被誉为“植物脑黄金”“血液清道夫”。它还含有丰富的蛋白质、膳食纤维、木酚素等成分，在人类慢性病的防治过程中发挥着积极作用，已被广泛应用于食品、保健、医药等领域。

胡麻籽榨取的胡麻油营养丰富，气味香浓，不仅是日常生活的调味佳品，也是高级油漆、油墨、颜料、人造橡胶等化工产品的优质原料。

胡麻纤维是人类最早使用的天然植物纤维之一，具有

“纤维皇后”之称，在国际时装界占有一席之地。

本书围绕胡麻的起源、成长布局、加工工艺、营养价值和药用价值及其对世界文化的影响等方面，从自然、历史、文化等多重角度，尽量全面系统地演绎胡麻的前世今生，力求做到有趣有料、深入浅出、通俗易懂。希望这本书能够成为读者朋友了解胡麻的切入口：它兼具衣食两大功用，是人类文化中的传奇植物，是名副其实的“双栖明星”。

目录

姓名：麻仔

朋友：人类

品格：洁净无邪、润物无声

成分：富含α-亚麻酸、木酚素等生物活性成分

贡献：既是营养丰富的食用油，又是天然植物纤维，满足人类衣食需求，同时兼具保健和医用功能

一、胡麻花开了

中国北方，炎炎夏日，农户们都在忙碌着收割金灿灿的麦子，脸上难掩丰收的喜悦，已无暇顾及旁边田地里次第开放的胡麻花了。

早晨的阳光洒下来，胡麻花蕾迎着朝阳蓬勃绽放，蓝紫色花朵随着清风微微摇曳，明亮、深邃，充满了无限生机和活力。小花旖旎在枝头，花朵不大，朴素内敛，不张扬，迎风摇曳，装点着夏天。远远望去，一片蓝紫色的花海与蓝天相映，煞是壮观。胡麻花按照自己的生命节奏，不与百花争春色，安静开放。如果胡麻花开在春天，这一大片胡麻花海，一定会是旅行中的打卡地了。如果是下午来，人们看到的是一片绿色的波浪，像是一大片丝绸铺展在大地上，柔软静谧。炎炎夏日，空气湿度较适宜，胡麻进入盛花期，整齐开花，也预示着蒴果整齐成熟。

胡麻是一年生草本植物，由根、茎、叶、花、果实、种子六部分构成，株高为40厘米至91厘米，生育期为90天至125天，其中生长期为45天至60天，开花期为15天至25天，成熟期为30天至40天，因不同的基因型和环境条件会有所不同。胡麻的发育期，大致可分为种子萌发期、出苗期、枞形期、现蕾期、开花期与成熟期6个阶段。

胡麻花 1

胡麻是自花授粉作物。主茎及分枝的顶端开着聚伞形花序，直径为15毫米至25毫米。每朵花有花萼、花瓣各5片，子房5室，每室有2个胚珠，胚珠授粉后发育成1粒种子。花的颜色因品种不同有蓝、紫、白、红、黄等色彩，常见的以蓝花、紫花、白花居多。胡麻的花寡有香气，内敛聚气，把生命的能量都传递给了果实。胡麻开花是胡麻一生中最灿烂的时光，也是胡麻通过光合作用吸收营养和储备能量的时候。

胡麻植株一边向下扎根，一边向上生长。整体上看，植株细弱单薄，茎表面光滑，带有蜡质，起抗旱作用。茎高为35厘米至100厘米。胡麻的主茎上部长出

胡麻花 2

胡麻种植基地

(A)、(B) 胡麻植株:1. 萼片；2. 花（无花萼）；3. 花瓣；4、5. 雄蕊（不同角度）；6. 花粉粒；7. 雌蕊5枚(退化)；8. 雄蕊和雌蕊（无花萼、花瓣）；8a. 退化雄蕊；9. 雌蕊(纵剖面）；10、11. 未成熟的蒴果(不同角度)；12. 蒴果(横切面)；13. 成熟的蒴果；14. 籽粒；15. 籽粒(纵剖面)

胡麻全株及分解图

一级分枝3个至5个，或者生出二级分枝不等，这些分枝保证了花的数量，也保证了胡麻的产量。

胡麻的叶片细小而长，也具有蜡质。叶的形状因着生部位的不同而有差异，一般植株下部叶片较小，中部叶片较大，呈纺锤形，上部叶片细长，呈披针形。叶片稠密地分布于茎上，呈螺旋状排列，整齐有序。一株胡麻的茎上能着生90片至120片叶子。

胡麻属双子叶植物，为直根系，由主根和侧根组成。主根细长，深达1米，侧根多而纤细，约为30厘米。根系分布面积较大，生长也比较健壮。胡麻的果实称为蒴果，呈圆形，上部稍尖，形如桃状，成熟时蒴果呈黄褐色或褐色。胡麻籽粒呈扁平状卵圆形或长椭圆形，顶端尖，底部呈圆弧形。

胡麻整个发育期间，需要充足的光照，特别是开花结实阶段对光照的要求更高。农谚：“要吃胡麻油，伏里晒日头。”从萌发期到成熟期，胡麻发生着质的变化，完成了一生的生长发育过程。农民就如同盼望着自家孩子快快长大，心情迫切，盼望着，盼望着，植株一天天成长。

小蓝花

二、胡麻的古往今来

胡麻作为餐桌上的食用油，曾被第29届北京奥运会作为指定专用调味品，有“液体黄金”之称。

在胡麻油名气越来越大的时候，专家们还在研究胡麻的祖先，这么重要的油料作物——胡麻是从哪儿来的？这些专家基本分成两派：一派坚持认为胡麻外来说，一派坚持胡麻原产中国说。他们对于胡麻一开始就生长在中国，还是从国外传入，议论纷纭，莫衷一是。

1. 新月沃地的宠儿

距今1.1万年前，现在的亚洲西部两河流域，东西两面分别与伊朗高原和阿拉伯大沙漠相邻，北接小亚细亚山地，东南临波斯湾，西起地中海沿岸，地处北纬30°—40°附近，底格里斯河和幼发拉底河冲击成的美索不达米亚平原，也就是现今的西亚、北非地区。有专家认为这里是世界上最早人工种植胡麻的地区，在地图上看，这些地方就像是挂在空中的一轮弯月，因此被史学家形象地冠名“新月沃地”。

这里地处亚洲西南部的中纬度地区，因靠近地

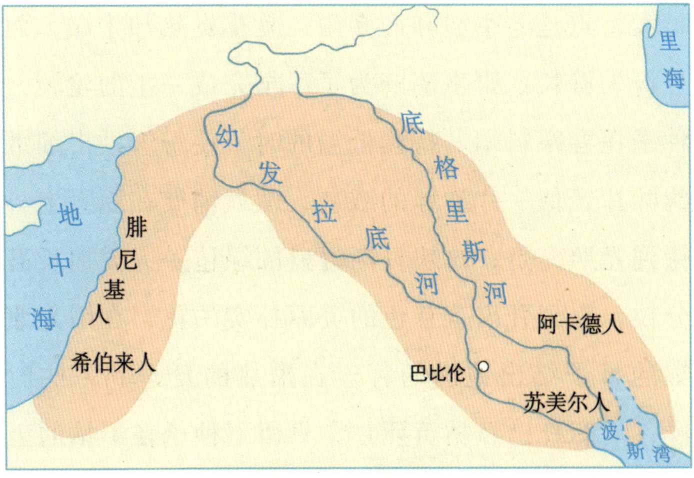

“新月沃地”示意图 1

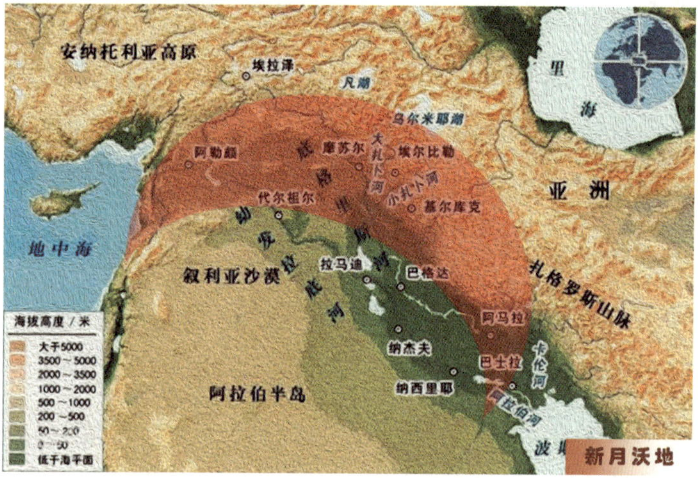

“新月沃地”示意图 2

中海，形成了全球少见的地中海气候。这种气候的最大特点是冬季温和而多雨，夏季炎热却干燥，而且极为漫长。野生胡麻为了尽早完成一生的轮转，种子在春寒料峭、持续低温的时节便纷纷抽出细嫩的叶片，似一片油绿的绒毡，默默铺展在原野上。待到光照充足，这块日渐繁盛的绿毡一天天地长高分枝，直到开出蓝紫色的美丽朴实的花，在阳光照耀的日子结出饱满的籽。在酷热的夏季到来的时候，胡麻秆已经枯黄死亡，只留下种子在干枯的土壤中静静等待。

被史学家称为“新月沃地”的地方，是真正意义上的肥田沃土，也是人类目前所知的最早的几个农业定居点之一。之所以叫农业定居点，是人类以农作物种植为主要经济活动，利用自然给人类创造的条件，逐水而居。古印度文明诞生在印度河平原与恒河平原之上，黄金缎带般的尼罗河河谷地带哺育了古埃及文明；奔流不息的黄河与辽阔的中原地区，孕育出伟大的华夏文明；“肥沃月湾”样的两河流域孕育出了古巴比伦文明。

与自然的存在相比，人类的历史极其短暂，大自然孕育了人类。大自然提供了人类生存最基本的需要。远古的先民为了生存不断地游移，没有固定居所，终日为饱腹奔忙，日复一日、年复一年打猎、采集果实，从一地寻觅到另一地，从东到西，从南到北，不停地迁移，直至找到最适合安居乐业的生存环境，终于，他们在美索不达米亚平原幸福的河谷中寻找到新的栖身之所，人类的幸福乐土。两河流域的自然条件优越，有着一连串肥沃的土地，适合人工驯养的植物种类非常丰富。在全世界56种最有价值的野生禾本科植物中，“新月沃地”拥有32种，其他地区都不超过10种。采集者一天只需劳动两个小时，采集到的食物就能够填饱肚子。他们能吃到150种植物，比现代人要多好几倍。那里的人类依靠土地上自然生产的粮食为生，比如大麦、小麦、豌豆，胡麻也是当地的野生植物之一。

大约1.29万年前，地球突然经历了一场“新仙女木”事件带来的气候剧变，这次剧变影响了全球的植物、动物。“新月沃地”的气候从此变得又干又冷，野生动植物资源大量减少，日渐膨胀的人口面临生存挑战。那么，怎么应对变化是摆在远古人类面前的棘手问题。

远古人类赖以生存的方式，主要依靠狩猎活动，同时采集野生植物果实和种子，并将所采集的植物带到居住地食用。他们无意中发现部分植物种子或果实散落在居住地周围，又长出新的植株。受此自然现象的启发，人类开始有意识地栽培植物，后来把栽培的植物称为“作物”，胡麻就是其中之一。

虽然许多其他动物都会采集并储存食物，但只有人类才会刻意培育特定的作物，挑选并培育植物的某些优良性状，好让它们更符合人类的需要。栽培作物经过长期的自然选择，人类农耕活动的驯化，以及择优选育，特性已与其野生祖先之间存在很大差别，其经济性状远远超过野生祖先。人类社会的发展，是不断认识自然的进程。人类从最初满足基本生存的需要，探索用各种动植物果腹充饥、用兽皮蔽体取暖，到利用简陋的农耕工具播种，再到今天现代农业解放劳力，运用机械化播种、收割，直至运用航天技术把作物种子带到太空中繁育，都是适应自然的壮举。

在这一壮举中，远古人类开始了对胡麻的最初探索。考古发现，“肥沃月湾”是世界上最早人工种植胡麻的地区。专家发现，约在9000年前，叙利亚拉马德丘地区人工种植的胡麻种子有明显增大的迹象。由此可以判断，栽培作物与其野生祖先相比，远远优于其祖先。由于人力的投入，作物生长更迅速，产量提高，品质改善。就这样，远古人类的生活方式由采集狩猎逐步过渡到了农牧业。

在地球上，目前已记载的植物大约有39万种，可供人类栽培的植物有2000多种，最主要的栽培作物有100多种，其中一半以上是粮食作物。作物是人类经长期选择、驯化、栽培，由野生植物演化形成的供盈利或口粮用的植物，包括粮食作物、经济作物，而经济作物中不仅有油料作物、纤维作物、蔬菜作物，还有花卉、草、药材、果树、林木等。直到今天，人类赖以生存的粮食作物，譬如小麦、水稻、玉米等都是经人工不断培育繁殖，才成为今天果实大、口感好、易栽种的品种，当然还有胡麻。所以，农业文明的发生是自然和环境塑造以及人为选择的结果。

2. 跨越时空的传播

作物的传播很神奇，植物种子借助风力流水，传播到较远的地方。食草动物、鸟类进食后将未被完全消化的种子随排泄物排出，动物活动夹带的果实或种子，随着活动范围的扩大传播到另一地区，以上种种都是作物传播的路径。人类活动是作物传播速度最快的途径，随着农业的发展，人们通过有意识引种及其他活动，如移民、战争、旅行、贸易等，将作物种子有目的、大规模地引向其他地区，加速了作物的扩散和传播。

如今，一顿饭吃到来自世界各地的食物一点也不稀奇，中国人的餐桌食物丰富又营养，不经意的一顿饭，就是世界各地食物的一次大聚会，有最早中国驯养的鸡和猪，有来自南美洲安第斯山脉的土豆，有源自墨西哥的玉米和豆类，还有来自印度的小黄瓜、芝麻及黑胡椒等，饭后再来杯源自埃塞俄比亚的咖啡，生活惬意又舒适。

约在5000年前，胡麻种植范围不断扩大，在瑞士和德国发现了人工种植的胡麻；印度胡麻种植的历史也可追溯至5000年前。在古埃及，胡麻被认为是纯洁的象征，不少寺庙墙上绘制有盛开的胡麻花。考古还发现，在距今约2000年的埃及古墓中，有古代农民田间收获绑捆胡麻的壁画。随着人类的活动与传播，在新石器时代，埃及又把胡麻传入埃塞俄比亚、摩洛哥、法国、意大利、西班牙、希腊、塞浦路斯等地中海沿岸国家，而后又传到中亚细亚和整个欧洲。

世界各地食物大聚会
最早中国驯养的鸡和猪
源自墨西哥的玉米和豆类

埃塞俄比亚的咖啡
来自南美洲安第斯山脉的土豆
来自印度的小黄瓜、芝麻及黑胡椒

3. 从西域带回的礼物

中国的胡麻种植可追溯到2000多年前的汉朝，一些专家认为胡麻是舶来品，是随着丝绸之路的开辟而传入中国的。这里不得不提及全线打通了丝绸之路的张骞。

北方大漠，黄沙漫卷，落日余晖，马队行走在无边的沙漠里，悲壮苍凉。汉武帝建元二年（前139年），招募使者出使大月氏欲联合夹攻匈奴人。大月氏人当时游牧于河西走廊西部，也就是今天的张掖至敦煌一带，由于被匈奴人击败，被迫南迁，过大宛，定居于阿姆河北岸（现为土库曼斯坦）。

张骞担任出使任务，带着100多人从长安（现为西安）历经艰难万险，西行经河西走廊至大宛、康居

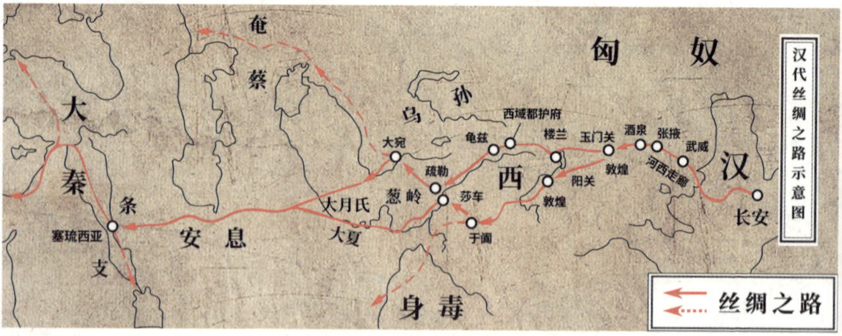

汉代丝绸之路示意图

（现为新疆北境及中亚部分地区），后抵达大月氏，游说失败。张骞历经十一年最终回到汉朝。元狩四年（前119年），张骞又奉命出使乌孙，两次出使全线打通了丝绸之路，足迹遍及天山南北和中亚、西亚各地，被举世称道。

话说丝绸之路河西走廊的东北端，是当时游牧民族匈奴人主要活动地域。中国地理上从东北到西南方向有一条400毫米等降水量线，也是一条令当时人们寝食不安的线，这条线起于大兴安岭西坡，穿越松花江流域，沿西辽河上游、燕山山脉斜穿黄河河套，经黄河、长江上游和西北诸河流域，直抵雅鲁藏布江河谷，这条线画出了农耕民族的“生命线”。线的东南方向是受夏季风影响的半湿润地区和湿润地区，年均降水量在400毫米以上，适宜种田。线的西北部由于受大山的阻挡，是少受甚至不受季风影

张骞塑像

响的半干旱地区和干旱地区，年均降水量在400毫米以下，干燥多风，只能放牧。农业是利用植物的自然再生产过程获得物质资料的生产门类，而植物的新陈代谢要求特定的光照、温度和水分。因此农业更容易受到气候条件的制约，在生产水平低下的古代更是如此。400毫米等降水量线，以东以南发育为农耕区，以西以北发育为畜牧区。处于这条线西北方向的游牧民族常常处于气候干旱，牧草枯萎，牛羊数量锐减，生活无着的状态。从春秋战国末期开始，草原游牧民族和中原农耕民族之间不断发生冲突，到了汉朝对抗更激烈，边关烽烟和战马嘶鸣连年不断，由此引出张骞出使西域的伟大壮举。

相传，张骞到达大宛时，看到当地女子出嫁，发现随嫁的物品中有一种棕褐色的植物种子，经打听，才知道这是一种麻作物，吃了可以帮助女性安胎，有“祝福人丁兴旺”之意。于是，张骞把这种种子带回了长安，并进献给汉武帝。当时，汉武帝患有荨麻疹，浑身奇痒，太医调治很久也没有好转，听张骞介绍这宝物后，抱着试试看的态度，坚持吃了两个月，皮肤病奇迹般好了，还长出了许多黑发。汉武帝大喜，便下旨在皇家园林旁辟出一块土地，开始种植胡麻。

胡麻最初在青海、陕西一带种植，随后在山西一带种植，后来逐渐发展到宁夏、甘肃及华北等地种植。从此，胡麻的种植方法在古老的中国大地上逐渐扩散，但那时候，只有少数的王公显贵才能用得上。

对于这一说法，北宋沈括的《梦溪笔谈·药议》中有记载："胡麻直是今油麻，更无他说……张骞始自大宛得油麻之种，亦谓之麻，故以胡麻别之，谓汉麻为大麻也。"意思是汉朝特使张骞是从大宛得到"油麻"种，故命名为胡麻，以区别于中国大麻。明代科学家宋应星的《天工开物》同样记载："胡麻即脂麻。相传西汉始自大宛来。"

《天工开物》（明·宋应星）

古代把我国北方的游牧民族、西域及中亚、西亚甚至欧洲人都称为胡人，为了区别于本地物产，把从这些区域传来的物品冠以“胡”字开头，比如，胡萝卜、胡桃、胡瓜等，胡麻也不例外。

4. 原产中国说

有的专家认为，胡麻是中国土生土长的，种植历史可追溯至2000多年前，比西汉张骞带回胡麻种子的时间还要早。公元2世纪崔寔编著的《四民月令》中记载：“清明节是月也……时雨降，可种稻，即植禾、苴麻、胡豆、胡麻。”表明胡麻种植时间早于张骞出使西域。经对资料考证，中国胡麻的栽培种是由野生种变化而来，不是外来传入的，中国也是胡麻原产地之一。有专家分别从不同的角度，引用不同的典籍介绍，说明胡麻在中国有2000多年的种植历史，确定胡麻在两汉之际已经开始在中国大地上种植了。

20世纪30年代，在内蒙古额济纳齐河流域的汉代烽燧遗址中发现的两万余枚汉代木简中，有两枚记载了胡麻，这些木简大多属于西汉末期和东汉初期的屯戍文书。

据专家考察，我国阴山山脉至今还有不同类型的野生胡麻。瑞士植物学家康多尔在对古代各类型的胡麻形成、分布进行分析比较后，得出结论："此数种胡麻……系在异地个别栽培，并非互相传输仿效。"事实应是这样，在广袤的世界，不同的地区、环境条件大致相似或接近时，能产生相似或接近的某种生物；由于环境条件的个体差异，在同一地区的某种生物也会变异形成不同类型。

5. 典籍里的宝物

北宋时期，胡麻的人工种植已完全取代了野生生长。生活在北宋中期的药物学家苏颂在《本草图经》中就透露出这样的信息："胡麻……今并处处有之，皆园圃所种，稀复野生。苗梗如麻，而叶圆锐光泽，嫩时可作蔬，道家多食之。"道家把胡麻的嫩苗做蔬菜食用，味道应该不会差吧。

胡麻籽一开始是作为养生药食，只有皇帝和王公贵族才能吃到。后来爱好养生的文人雅士、佛道修行之人也开始互赠胡麻。

东汉末年起，人们越来越喜欢吃胡食，比如胡麻饼、胡麻丸、胡麻羹等，这些域外美食丰富了中国饮食文化，并且成为日常生活的常用食品，一时胡食之风广为流行。到了唐代，街市上有专营胡食的商铺，其中以胡饼最为常见。

古代人有食用油脂的传统。汉朝以前，人们只能吃动物油脂，并有了脂和膏的概念，有角动物提炼出来的油称为脂，无角动物提炼出来的油称为膏，譬如：牛羊油为脂，猪油为膏。油脂分为植物油脂和动物油脂，植物的果实、种子、孢子、茎、叶、根等器官中都含有油脂，一般种子中含油量最高。中国饮食习惯跟西方不同，口味相对清淡，为了舌尖上的满足，中国古人在长期的探索实践中，不断丰富植物油的品类。

北魏贾思勰的《齐民要术》中讲到因可用胡麻籽榨油，宋朝时期，胡麻又被称为“油麻”。南朝时期，胡麻油有多种用途，包括食用、入药、燃灯等。到了清朝末期，胡麻已在全国大面积栽培，成为中国主要的油料作物之一。

除食用外，中国古代胡麻的价值主要表现在药用价值上。中国传统医学中，中药主要由植物药，如：植物的根、茎、叶、果；动物药，如：动物的内脏、皮、骨、器官等，还有矿物药组成，但植物药占中药的大部分，所以中药也被称为中草药，“药”字便是带草字头。在中国医家观念里，百草皆有药性，因此胡麻自然引起了古代医家的关注和探讨。宋朝唐慎微所著的《证类本草》中有记载：“亚麻子出兖州、威胜军，味甘、微温、无毒。苗、叶俱青，花白色。八月上旬采其实用。又名鸦麻，治大风疾。”说明胡麻具有养血祛风的功能。

中医自古重视食疗养生，“药食同源”是中国传统医学对人类最有价值的贡献之一。在中医的观念中，食品和药品没有清晰的界线。据国家中医药管理局《中华本草》记载，亚麻（胡麻）是中药名。入药部位：根、叶。味辛、甘，性平。归经：归肝、胃、大肠经。功效：平肝，活血。

胡麻的根、叶均可入药，胡麻籽更是入药的关键。近年来，一些国家在研究和开发胡麻籽药用功效方面上做了大量工作，美国国家癌症研究所更是将胡麻籽作为6种抗癌植物中的研究对象之一，并已将其列入美国药典。

宋代的《图经衍义本草》中记载：“胡麻、白大

燃灯
食用

典籍里的宝物

叶子脱落后的胡麻植株

豆、枣三物，同九蒸九曝，作团食，令人不饥，延年断谷。又合苍耳子为散，服之治风。”给出了食疗的药方，用胡麻、白大豆和枣九蒸九晒，做成团子，吃了耐饥又延年益寿。

现代科学证明了胡麻籽中有一种神奇的物质正是人类健康的保障。胡麻在漫长的生长繁育演化过程中，给人类带来了诸多益处，人们也越来越重视胡麻的应用价值。让我们一起看看今天的胡麻以一种什么样的姿态展现在公众面前的吧。

6. 小身躯大能量

西北某县城，自然条件差，干旱缺水，资源匮乏，却有着“状元故里、博士之乡”的美誉，追溯至明、清两代，考取进士、举人百名以上，居全省各县之首。这种现象吸引了无数专家、学者探寻的目光。经过长期跟踪研究，专家得出结论：这种现象与当地居民祖祖辈辈食用胡麻籽有一定的联系。当地人由衷地赞颂胡麻油：“长流锅里四邻香，食在腹中更润肠。商贾贩开康富路，农家吃出状元郎。”

在日常生活中，胡麻更多地是以油的形象出现在人们的视野中，但是，你已经了解了，它小小身躯里蕴含的巨大能量，能引来科学界越来越多关注的目光。国际权威医学文献统计显示，2009年至2018年，世界上与胡麻籽相关的医学研究论文翻倍增长。这足

胡麻花及果实

以说明，科学家对胡麻籽的研究日益丰富，特别是医学领域。那么可能有人会问，胡麻到底有多么神奇，竟引来科学界如此关注?

接下来，让我们飞越祖国的大好河山，感受胡麻种植区域的美景，同时领略青山绿水给我们带来的震撼吧。

三、地球上的蓝花花

时光流转，四季轮回，沧海桑田，穿越光阴，胡麻沉稳缓慢地从远古走来。胡麻作为一种有数千年栽培史的作物，是世界十大油料作物之一，因其对温度和光照敏感，以及耐瘠和抗旱的特点，被人类广泛种植于高寒和干旱地区。

1. 中国胡麻的种植分布

胡麻扎根在华北、西北等高海拔、气候冷凉、干旱、半干旱高寒地区，主要是在西北地区的甘肃、宁夏、新疆及华北地区的内蒙古、山西、河北等省（自治区）。2020年，甘肃胡麻种植面积超7万公顷，内蒙古、河北、山西、宁夏胡麻种植面积超2万公顷，五省（自治区）种植面积合计占全国种植总面积的97%；陕西、青海、新疆、安徽、吉林、黑龙江等地有少量种植，但种植面积均低于1万公顷。

胡麻是中国五大油料作物之一，适合在温差大、土壤肥、光照足的环境下生存，西北和华北大部分地区具备这种自然条件，是胡麻生长的黄金地区，胡麻

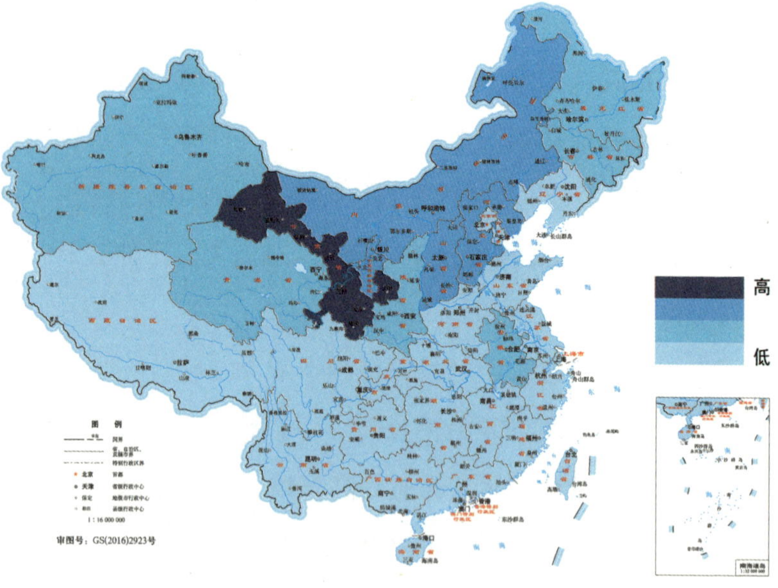

中国的胡麻种植分布图

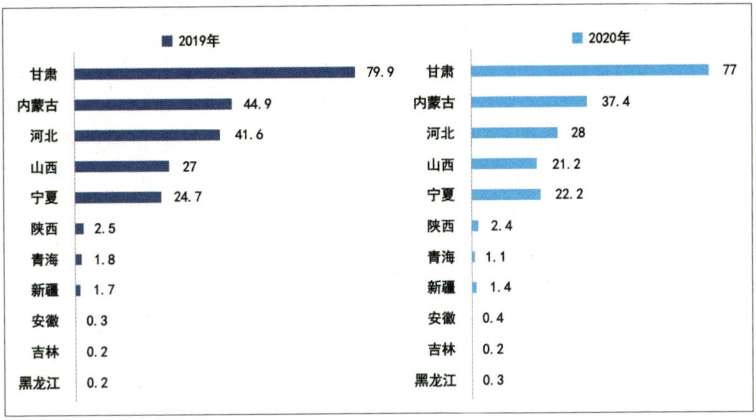

2019年和2020年中国各省（自治区）胡麻种植面积（千公顷）

可以安心地在这些地区安家。

根据我国胡麻栽培地区的地理分布及品种的生态特性，胡麻种植大体可分为5个区域，基本分布在北纬35°—47°，海拔1000米至2000米。

（1）黄土高原区型

目光所及，漫天遍野的千沟万壑，连绵不绝的塬梁峁川，黄褐色土质经风雨侵蚀形成无与伦比的地质奇观，成为中国大地上极具辨识度的地方，这就是黄土高原。它呈现的是大地母亲最本真的肤色，厚重粗粝，同时也安静温暖，以博大的胸怀养育着这方儿女。这里曾是中华文明的发祥地，人类活动的历史悠久绵长。这里东靠太行山，西起青海日月山，南依秦岭，北达长城。

胡麻种植主要在黄土高原的中西部，包括山西北部、内蒙古西南部、宁夏南部、陕西北部和甘肃中部及东部，北纬35°—40°，海拔1000米至2000米的地区，属于旱大陆性季风气候，全年、全天温差较大，降水稀少。勤劳的农民面对苛刻的生存环境，依坡开耕修造层层梯田，汗珠摔进泥土里，以锨为刀，如雕刻家般躬身在黄土地上，日复一日，年复一年，经历了一代代人的共同努力，创造出精美绝伦的艺术品。

黄土高原

但见梯田层层递进，线条流畅，蜿蜒环绕，错落有致，如恢宏史诗般镌刻在黄土地上，成为历史的记忆和见证。

黄土高原养育了胡麻耐寒、耐旱、耐瘠薄的品性，就如同当地人民，在这一方水土，锻造出吃苦耐劳、坚忍顽强的优秀品质。每年开春时节，坡上，农民牵牛扶犁，头上系着羊白肚毛巾，悠扬高亢的信天游唱起来，传过好几道坡梁，传到远远的山脚下。春天给黄土高原带来生机，胡麻苗顶破土层，伸展出嫩芽，迫不及待装点着黄土高原的春天。这里土壤瘠薄，前期水分稀少，后期降水较多，胡麻以抗旱性强的优良品质在这里扎根，品种类型为黄土高原区型，以中熟品种为主，茎秆细弱，易倒伏，抗病能力强，收获时果少粒小，含油率较低。尽管如此，这里却是中国胡麻最主要产区。

黄土高原春耕

微风习习，细弱的茎秆，左右摇摆，让人怜惜。尽管茎秆纤细，但胡麻生命力顽强，努力吸收着土壤里的营养成分，和大地联结得更紧密，身姿更挺拔。茎秆一头扛着胡麻果实，扛着胡麻的未来，更扛着农家人一年最低限度的花费，甚至孩子上学的费用，也是用胡麻成熟后碾油换来的。20世纪七八十年代，西北农村把胡麻油看得珍贵异常，自己舍不得吃，匀出胡麻油换点零钱，以供生活所需。当时有着“胡麻是金，洋芋是银，小麦是铜”的民谚，在缺吃少穿的年代，胡麻是生活的依靠，是庄稼人的衣食父母。中国当代作家张承志在其小说中写道：“黄泥小屋前有一块光滑的打麦场，冬天那里矗立着两个草堆：一堆大而发黄的是麦垛，一堆小而发黑的是胡麻垛。大堆供着一年的吃食；小的碾油卖钱，挣来一年最低限度的花费。”

生于斯长于斯的人民，用辛勤的汗水浇灌着黄土高原，倾注毕生精力，开创着黄土高原的未来。

（2）阴山北部高原区型

唐代边塞诗人王昌龄“但使龙城飞将在，不教胡马度阴山”，礼赞了为守护家园马革裹尸的大无畏精神，绵延不断的热血男儿悲壮而惨烈的出征场面仿佛历历在目。

当年雄亘万里的阴山山脉是我国北方游牧文明与中原农耕文明的分界线。它如一条巨龙，横卧在内蒙古中部，绵延千里，呈东西走向，西起阿拉善、呼和浩特，东至大同、张家口。阴山北部湖泊众多、水草丰美、良田万顷，胡麻就生长在阴山以北和以蒙古高原为主的华北北部高寒地带，包括河北省坝上，北纬41°—48°，海拔1500米左右。远远望去，辽阔的田野上绿油油的胡麻地，已经有零星的花开始绽放了，农民知道今年的胡麻一定是籽饱粒满，从长势上就能判断出好坏。胡麻种植已经延续多少代人了，农民无从知道。在记忆深处，从出生到年老，胡麻一直陪伴他们生活。

阴山北部高原区的胡麻以早熟和中早熟品种为主，植株的耐寒和抗旱性更强。光照充足，土壤肥力较好，但由于温差大，生育期热量不足，再加上降水量较少，胡麻植株生育的较矮，果少粒稍大，籽粒含油率较高，油品品质更佳。

这里的胡麻曾经为元朝大军驰骋沙场做过贡献。相传成吉思汗为了长生不老，派人秘密运送胡麻良种，准备炼制长生不老药，未获成功。但胡麻油具有疗伤、保健作用，在元军中广为流传。每逢作战，元军的皮囊里必备胡麻油。蒙古族是骑在马背上的民族，喜欢肉类食物，较少吃蔬菜、水果，按现代营养学，他们的饮食结构极不合理，但他们却有着超人的智慧、强健的体魄。研究发现，元军食用的胡麻油，是造就了他们强健的体魄的因素之一。

（3）北方灌溉生态型

以黄河中下游及河西走廊灌区为主。黄河发源于

胡麻田

青藏高原上的巴颜喀拉山，一路奔腾东流来到甘肃兰州，一个大转折调头向东北方向，与祁连山以北恰好形成狭长地带，形似走廊，河西走廊因而得名。这条走廊是古丝绸之路的必经之路，跨越千年的古道上仿佛还回响着雄壮的马蹄声，胡麻在商旅的浩荡马队中，拨开重重云雾，向我们走来。

沿着河西走廊的甘肃大部分地区都有胡麻种植，海拔1400米至2500米，光照充足，灌溉条件良好，胡麻果多粒大，品质好。

黄河继续流向内蒙古，被横亘于面前的阴山山脉阻挡，又咆哮着突然调头向南延伸，画出一个巨大的“几”字形，如同母亲臂弯，护佑着内蒙古河套和宁夏引黄灌区的人民世代繁衍生息。每年开春时节，这片土地上水流潺潺，北方灌溉生态型胡麻就生长在这片土地上。它处于北纬37°—40°，以中熟和中晚熟品种为主，生育期长，光照阶段较长，对温度和光照敏感，水分依靠灌溉，土壤盐碱化较严重，后期常有干热风，蚜虫危害严重；抗旱能力中等，较喜水耐肥，分茎性强，果偏多粒稍大，含油率高。

胡麻花

（4）北疆盆地春性生态型和南疆盆地半冬性生态型

“羌笛何须怨杨柳，春风不度玉门关”，诗人王之涣为我们展示了边塞的悲壮苍凉。汉唐以来把玉门关以西地区都称为西域，也就是今天中国新疆及中亚部分地区。新疆地处亚欧大陆腹地，是古丝绸之路的重要通道。风景秀丽的阿尔泰山占据新疆最北端，最南端是气势磅礴的巍巍昆仑山，绵延千里的天山山脉横亘于准噶尔盆地和塔里木盆地之间，把广阔的新疆大地分为南北两半。西风气流从准噶尔盆地西侧缺口吹入，带来降水，中间沙漠的边缘绿洲地带似条彩带，装饰着盆地的春天，也繁殖着农业。川流不息的伊犁河冲刷出河谷平原，农田成片，北疆盆地春性生态型胡麻就生长在内陆种植区——河谷平原和绿洲地带，这里的胡麻以中熟和中晚熟品种为主，生长期较长，春化及光照阶段均较长，对温度和光照敏感；抗旱力中等，苗期容易感病，胡麻植株较高，分茎性强，粒小而含油率高。

新疆南部塔里木盆地深居内陆，常年干旱少雨，塔里木河从天山发源，一直向东，好似月牙般环绕着北部盆地，边缘绿洲农业得到塔河的滋养和灌溉。这里的胡麻生态类型属南疆盆地半冬性生态型，以中晚熟和晚熟品种为主，水源靠灌溉，生育期较长，对温度和光照条件要求严格，植株生长繁茂，分茎性强，种子产量中等。

（5）甘青高原区型

有地球“第三极”之称的青藏高原，万水之源，以博大胸怀孕育了长江和黄河，中华民族得以繁衍生息。甘青高原区地处青藏高原的边缘地带，包括青海省东部和甘肃省西南部高寒地区，是青藏高原向黄土高原过渡地带，复杂多变的地貌，带来目不暇接的视觉冲击，高山、草甸、湖泊、森林，青山绿水，风景

尚未成熟的胡麻蒴果

秀丽，天蓝云白，空气纯净，泥土芬芳，肥力较高，绿色无污染的胡麻就生长在海拔2000米左右的高寒地区，气候寒湿，后期易遭受霜害。以早熟和中早熟品种为主，胡麻生长期所需热量不足，造成生育期短，春化阶段与光照阶段较长，对温度和光照条件要求不严格，含油率低。这里的胡麻世代滋养着高原儿女，是当地居民主要的食用油之一。

成熟的胡麻蒴果

2. 世界的胡麻产量

据联合国粮农组织数据统计，世界范围内胡麻种植主要分布在亚洲、北美洲、拉丁美洲、欧洲、大洋洲、非洲6个洲，有46个国家种植胡麻。随着时代的发展，主产国家不断变化。目前，亚洲和欧洲胡麻种植面积最大，其次是北美洲。主要生产国有加拿大、中国、俄罗斯、印度、哈萨克斯坦、美国、埃塞俄比亚、法国、英国等。2008年至2014年，全世界胡麻年均种植面积为224.96万公顷，年均总产量为215.91万吨。中国年均种植面积为32.31万公顷，仅次于印度和

收割后的胡麻

加拿大，居世界第三；年均总产量为35.98万吨，仅次于加拿大居世界第二。

胡麻以严寒地带出产的方为上品。加拿大中西部的萨斯喀彻温省和中国黑龙江省大兴安岭地区以北纬度相近，地处北纬49°—60°之间，萨斯喀彻温河流经全省，充足的水资源提升了灌溉能力，保障胡麻茁壮成长。一幅画卷展现在眼前，茫茫田野，一望无边，辽远的土地和开阔的天空相接，天地连成一线，美丽的日落穿透云朵透射出霞光……

大型现代化机械设备正在收割，场面壮观，加拿大最大的产粮区就在这里，这里四季分明，气候干燥，夏季平均气温25℃，因为拥有得天独厚的自然环境，适合胡麻生长，所产的胡麻籽营养价值为世界之冠。

四、春种秋收喜满盈

你能想象到农民在土地上付出的辛劳吗？前茬作物收获后，农民就要深耕田地。秋耕给土壤保墒，结合翻地施入肥料。冬季还要冬压封墒，封住地上裂缝，可以防止风蚀跑墒。早春的时候还要对田地进行春耕，将肥料随犁地撒入土壤中。胡麻是早春播作物，种子细小，幼苗顶土能力弱，农民精心为它们打造“温床”，生命孕育在这样舒适温暖的环境里，品质不会差。就这样，从种子的萌发到成熟，胡麻的生长接受环境、气候等栽培条件的考验，经历了风风雨雨。

1. 精细整地

中国人对土地的深厚感情古已有之。中国古人创造文字之前，用结绳记事或符号表示天地万物及其变化，先人们用六个双短横表示大地。“厚德载物”就是通过赞美大地宽厚和顺、孕育万物的高尚品德，告诉人类要学习大地的博大胸怀。作家玛格丽特·米切尔的长篇小说《飘》有几句话：“土地是这世界上唯一了不起的东西”“它是这世间唯一永恒的东西！”“它是唯一值得为之工作、为之奋斗、为之献身的东西。”

一大早，公鸡啼叫，太阳还未升起，农民赶着牛或毛驴到田里，把昨天撒施到大田里的腐熟肥料深耕

犁地

耙地

到土壤中。耕田是中国农民沿袭了几千年的耕作模式，分为秋耕和春耕。每当到了耕田的季节，农田里一片繁忙。农民弓身扶犁，牵拉吆喝着耕牛或毛驴，用脚步一寸寸丈量脚下的土地。铁犁铧在牛或毛驴的牵拉下深入板结的土壤中，把深层的土壤翻出，像是把田地翻出波浪一样，将肥料翻埋进土层里。经过翻耕的土地，调整了土壤养分分布，增强了土壤肥力和通气性。施足肥料是胡麻取得高产的重要环节，农民深知土地的营养对胡麻产量至关重要，他们尽心尽力，一点不敢怠慢。胡麻对土壤质地要求不高，以平整、土层深厚的沙壤土最为适宜。胡麻根系发达，在生长发育期间，能有效利用土壤中的养分养料。平田整地，是做好播种前的准备工作，是赢得胡麻丰产的基础。

土生万物，地发千祥。耕地是粮食生产的命根子，是人类繁衍生息的生命原动力。具有几千年农耕历史的中国农民辛勤耕耘，面朝黄土背朝天，在日复一日的耕作劳动中，依赖土地、敬重土地，养成了精耕细作、春夏轮作、休养生息的耕作模式。依靠土地生存的农民深深懂得要善待土地，他们不惜投入成倍的劳力反复平田整地，最后平整过的土地上堎下实，无坷垃、无堑沟，尽善尽美。耙好的田平展得像一幅展开的画卷，是农民们用勤劳的汗水描绘的美妙蓝图。

2. 精选良种

为了应对自然灾害、疫病和战争，人类已经做好了准备。

在挪威斯瓦尔巴群岛的一处山洞里，有座堪称全球最安全的种质基因储存库——神秘的“植物诺亚方舟”，约1亿粒来自世界各地的农作物种子被保存在-18℃的地窖中。储存库的安全性非常高，甚至可以抵御地震和核武器。

中国种子博物馆位于中国科学院昆明植物研究所昆明植物园内，是中国首座以野生植物种子为主题的博物馆，那里收藏着“成千上万”的绿色“芯片”——种子，它们形态各异、色彩斑斓，野生胡麻种也在保存范围之内。

良种是胡麻增产的首要条件。中国科研人员在发展胡麻种子研究、提升胡麻种子国际竞争力方面，一直在坚持不懈地努力。“十一五”时期，中国首次建立了胡麻种质资源库，共收集保存了2943份胡麻种质资源。经过近年来的品种收集、引进和种质创新，目前中国大约有4000多份胡麻种质资源，分别保存在国家胡麻品种资源库及甘肃、山西、河北、内蒙古、宁夏、新疆等省（自治区）。

中国的胡麻育种研究经历了地方品种的收集整理、国外引种、杂交选育等过程，在过去70多年中育成了胡麻品种100多个，从中又培育出陇亚12号、10号，宁亚19号、14号等20多个优良品种，这些优良品种抗旱能力更强，品质更好。

种子代表生命和希望。作为渴望丰收的种田人，哪个人不希望播下的种子能生根发芽、开花结果呢？农民对选择种子种植经验十足，他们一般选择上年度收获的纯净、饱满、有光泽、无病的籽粒。为防止种子带菌，播前选用3%的多菌灵进行拌种。

胡麻种子不必浸种催芽，干籽即可播种。播种前，农民认真仔细地剔除杂质、病粒、瘪粒和破碎粒。筛选后，进行晾种。在晴朗无风的天气里，农民把胡麻种子摊开铺平，晾晒在场院里，自己也躺在胡麻种子上舒展舒展。晒了四五天后，种子充分吸收太阳的能量，既能杀菌，又能提高发芽率。

稳妥起见，播种前还要做一项工作——测试种子发芽率。不同品种和不同批次的种子发芽率大相径庭，农民要提前做好功课，有备无患。测试时，一般先在培养皿中放入纸和适量的水，再把100粒胡麻种子放入培养皿中，盖上盖子并放入保温箱内进行催芽，将保温箱内的温度控制在30℃—35℃，放置3天至4天，嫩芽伸出小手，歪头看着这么多兄弟姐妹都舒展着小手，心情大好。测试后，发芽率如果高于96%，这批种子就选定了。

精选良种

在培养皿中放入纸
和适量的水。

把100粒胡麻种子放入培养皿中

盖上盖子放入保温箱内进行催芽，保温箱里的温度控制在30℃—35℃，放置3天至4天。

嫩芽伸出小手。

3. 悉心管护

胡麻的生命历程只有短暂的90天至125天，在生长发育的过程中，经历了种子萌发期、出苗期、枞形期、现蕾期、开花期与成熟期这6个阶段。完成了生长出根、茎、叶、花、果实、种子的生命历程，一个轮回结束。

适时播种是胡麻高产的重要环节。北方气候也有差异，有的地方一旦下雨或地有墒情，农民就会匆匆忙忙赶着种胡麻和谷子。农谚说："立夏种胡麻，九股十八杈。"抓住最佳播种时机，能取得事半功倍的效果。农民在田地里，查看土壤墒情，临近播种，再决定是否给田地浇水。播种前的浇水量不宜过多，见干见湿即可。

种植胡麻首先要掌握好播种时间。胡麻耐低温，种子在1℃—3℃就可以发芽。低温发芽能减少种子内脂肪的消耗，有助于幼苗成长，增加抗寒能力。胡麻的播种深度是农作物中最浅的，农谚："深谷子，浅糜子，胡麻扬在浮皮子。"

从胚芽萌发到破土而出，胡麻开始繁育，这时中耕特别重要。出苗后的一个月内胡麻根系生长迅速，早春杂草丛生，草高欺苗，农民深知及时除草能避免杂草与幼苗争水分、养分，松土可减少水分蒸发，抗旱保墒，促进根系发育，利于胡麻生长。春天温度不高，但阳光温暖，一家老小全员出动，为胡麻除去生长道路上的绊脚石。这还不算结束，到了胡麻现蕾的关键期还要再锄遍草，并且灌头水，这头水要充足，满足现蕾期胡麻对水分的需要，促进胡麻多分枝，多开花，多结果。

植株快速生长，体形不断发生变化，这时候，农民安排施“农家肥”，同时灌第二次水，胡麻进入旺盛的生长发育期，这时养分吸收得更好更快。在阳光沐浴、微风吹拂、雨露滋养下，胡麻很快到了成熟期，农民第二次给胡麻施肥，提高种子产量和含油率。最后，收获前还要锄遍草。

农民对胡麻呵护有加，付出的辛苦如同养育孩子，锄草、灌水、施肥、看护，哪一样都不敢怠慢，倾注了庄稼人全部的心血。农民的憧憬都在这棵棵植株里，植株对农民的看护也有感应，虽然生命存在的形式不同，但他们的心是相通的，彼此的情感传递恰到好处。植株不负农民所望，发芽、出苗、结果，体

①出苗后的一个月内胡麻根系生长迅速。

②早春杂草丛生，草高欺苗，农民深知及时除草能避免杂草与幼苗争水分、养分。

悉心管护胡麻生长

③松土可减少水分蒸发，抗旱保墒，促进根系发育，利于胡麻生长。

积和重量不断增加，身段不断饱满。农民感到无比欣慰，脸上露出喜悦，丰收在望了。

4. 收获喜悦

胡麻吸天地灵气，日月精华，雨露滋润，承载着庄稼人沉甸甸的爱，长大了，成熟了。

适时收获、颗粒归仓是保证胡麻丰产的重要环节之一。胡麻具有开花期较长的特点，蒴果青黄不一，一般8月中下旬就可以采收。若胡麻采收过早，籽粒的含油量没有达到最高；采收过晚，裂桃掉粒影响品质和产量，而且胡麻易受霜冻影响。那么，如何判定最佳的收获时机呢？一般来说，当胡麻植株上的蒴果有75%变成褐色，叶子变黄枯萎，用手摇动植株时，沙沙作响，用手指碾压蒴果，籽粒与蒴果隔膜分离，这时就可以采收了。

北方夏收刚过去没多久，农民们才忙碌完小麦归仓的活儿，满心的欢喜还挂在眉梢，新一轮的收获又要开始了。胡麻地里一片金灿灿，成熟丰硕的景象令人陶醉。微风吹过，夹带着胡麻的清香，胡麻蒴果沙沙作响，好似奏响了丰收的交响乐。

收获的喜悦

天刚蒙蒙亮，一家人就起来了。全家人齐心协力，夹起镰刀往田里赶。胡麻成熟一片，收割一片。手工收割胡麻是件苦活、累活，既不能蹲着也不能站着，要弯着腰一把一把地割，像收割小麦一样，是磨炼人意志的绝佳考验。没一阵工夫，就开始腰酸腿疼，溻湿的衣裳贴在后背上，顶着骄阳，抹一把汗水，恨不得把自己缩进地缝里。

有的地方采收胡麻是连根拔起的。胡麻是浅表种植，拔胡麻倒也不费劲，但是胡麻在生长过程中，茎

胡麻蒴果

手工采收胡麻

秆互相交缠拥抱，蒴果头挨着头，亲密相触，拔胡麻前，要温柔地把它们分开，以免籽粒脱落。

手工采收胡麻回来要及时进行脱粒贮藏，防止胡麻籽粒霉变。把收割后的胡麻运回场院，解开绳子，将胡麻捆子散开，平铺在晒场上，一般要将胡麻就地晾晒3天至5天，待茎秆充分干燥，再进行脱粒。脱粒是用人工拉、牲畜带碌碡或使用拖拉机拉碌碡来回滚动碾压胡麻。自从有了拖拉机拉碌碡碾场后，工作效率明显提高。反复碾压胡麻后，把茎秸挑开，将余下的籽壳籽粒铲到一起，用筛子筛，胡麻秸秆碎、蒴果

收割胡麻

隔膜、籽壳都不能丢弃，自有用途。籽粒光润亮泽地呈现出来，农民脸上溢满了收获的喜悦。

随着现代农业的发展，人们可以用联合收割机进行收割了。使用联合收割机收割，要稍晚于人工收割。当植株上部的蒴果有95%褪色时，适时进行收割。机械采收时，行驶速度不能过快，不然会损伤收割机，还会使胡麻漏采、倒伏，影响产量。

胡麻脱籽后还要晾晒1天至2天，有经验的农民将籽粒放入口中咀嚼，感到籽粒变脆时，干燥程度合适，就可以将籽粒装袋入库贮存了。

剩下的胡麻茎秆也有大用处。用一块手掌宽的长条木板，不停反复敲打茎秆，要用柔劲，蛮劲不出活。渐渐地，茎秆上的麻纤维分离出来了，将麻捻成线，搓成麻绳，织成麻布，缝制成装粮食的口袋，晒粮食用的单子。粗糙的麻，在人们手里，变成了寻常日子里的生活必需品。剩下的碎麻秆是北方农民烧炕的好燃料。

五、益智增慧的天物

在波西米亚的传说中，孩子在胡麻草地上跳舞，可以变得更美丽。甚至还有传说称，蓝色胡麻花开花时节，会有天使降临带来好运。种种美丽的传说都给胡麻蒙上了一层神秘的色彩。别沉醉在这些传说中，还是先揭开胡麻的面纱，了解真实的胡麻。

1. 籽粒结构

在阳光雨露的滋润下，胡麻开过花的枝顶上长出绿豆豆，慢慢地变成豌豆大的果子。胡麻果实为球形蒴果，顶端稍尖，形如桃状，所以有些地方称其为

"桃"或"麻桃"；有些地方叫它"胡麻骨朵"，显然是开过花的"骨朵"了；还有的地方叫它"小铃铛"，"只会笑来不会响"，并写进歌词里，唱遍大江南北。成熟时蒴果呈黄褐色，直径为5毫米至10毫米。每个蒴果内有5室，各室又由隔膜分为两个小室，如同双胞胎在各自的生长空间内发育成长。发育完全的胡麻蒴果，主茎顶果和一级分枝果的每个蒴果内一般都结有10粒种子，二级以上分枝蒴果内大多含有6粒至8粒种子。成熟的蒴果各室之间具有结合楞，使蒴果不易裂缝，口紧且不落粒。胡麻达到成熟期的标志为植株枯黄，籽粒坚硬饱满。微风吹来，植株摇动，籽粒在蒴果内沙沙作响，像是在窃窃私语，又像是在欢呼雀跃，终于完成了成长历程，可以出来见世面了。

青涩的胡麻蒴果和成熟的胡麻籽粒

胡麻籽粒，即胡麻种子，其结构很有特点，包括表皮、胚乳、子叶及黏质种皮四部分。种皮最外层含有碳水化合物，吸水性强，占全籽粒重量的3%—10%，因此，种子贮藏时怕潮，容易黏结成团，会降低品质，影响发芽。依次向内有纤维层、色素层，色素层使种子具有不同的色泽。表皮层下面就是胚乳层，色素层与胚乳层紧密连接。子叶占种子重量的一半以上，含丰富的油脂和蛋白质，子叶中蛋白质的含量约占其总量的76%。

胡麻籽粒呈扁平圆形，一端稍尖且有弯曲，呈鸟嘴状，一端钝圆，表面平滑有光泽。籽粒颜色有白、

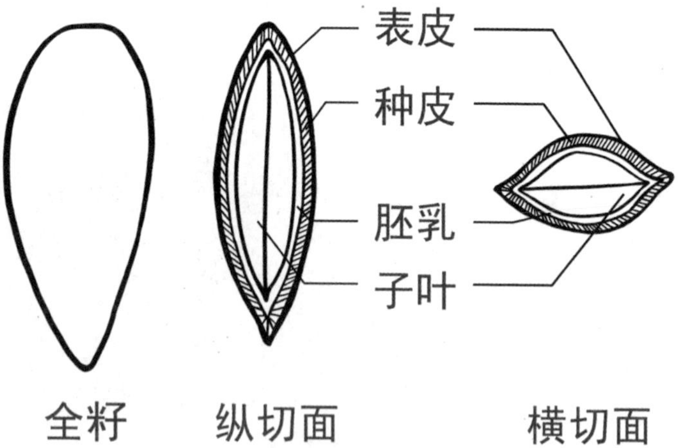

胡麻籽粒结构

黄、棕、暗褐、红褐、黄褐、浅红褐、深褐等色，常见有金黄色和棕色两种，如同琥珀的颜色，非常好看。每粒种子长度为4毫米至6毫米，宽为2毫米至3毫米，厚为1毫米左右。李时珍在中医药典籍《本草纲目》中记载：“亚麻子……即壁虱胡麻也。”李时珍这个比喻太形象生动了，壁虱又叫蜱虫，与胡麻籽在形态和颜色上极为相似。

李时珍（1518—1593）

棕色胡麻籽

金黄色胡麻籽

2. 高山上的“深海鱼油”

话说医学界和营养学界对前文中提到的西北某神奇的“状元县”抱有极大的兴趣，都想尽早找到当地人智慧和长寿的密码。营养学界和医学界把胡麻籽请到了实验室，给其编名为“麻仔”。研究人员把麻仔从里到外研究个遍，进行解剖、实验、数据分析等一系列细碎烦琐的操作，麻仔积极配合，毫无怨言，时而在水中涤荡，时而在火上烘烤，有时又被切割、反复挤压，显微镜下麻仔的身姿更是一览无余。经过先进的科学技术和实验探究，麻仔的营养成分终于被揭晓。

麻仔体内含有约35%—45%的脂肪，10%—30%的蛋白质，24.5%的膳食纤维，6.1%的碳水化合物，5.6%的水，还含有丰富的矿物质及多种维生素。蛋白质基本构成单位是氨基酸，胡麻籽蛋白质中含有18种氨基酸，其中谷氨酸、精氨酸及天冬氨酸三种氨基酸含量占总氨基酸含量的40%，能够增强免疫力，可与大豆蛋白质相媲美，是优质蛋白质。每100克胡麻籽所含的矿物质中，钾含量为750毫克、钙为250毫克、镁为350毫克、磷为650毫克、铁为10毫克、铜为0.7毫克、锌为

营养成分	每100g含量	营养成分	每100g含量
能量	1883kJ	铜	0.7mg
蛋白质	10g~30g	锌	2mg
脂肪	35g~45g	锰	7mg
膳食纤维	24.5g	维生素 A	18.8IU
水	3g~6g	维生素 E	0.6IU
钾	750mg	维生素 B_1	0.6mg
钙	250mg	维生素 B_2	0.3mg
镁	350mg	烟酸	4.4mg
磷	650mg	维生素 B_6	0.8mg
铁	10mg	维生素 B_{12}	0.5mg

胡麻籽的营养成分

2毫克、锰为7毫克，这些都是人体不可或缺的必需元素。如果人体缺少钙、磷、镁等元素，会影响骨骼或牙齿的坚固性；若缺乏铁元素，可能引起贫血；若缺乏钾元素，会影响心脏正常功能。麻仔的营养物质帮助人体解决了这些困扰，其中钾含量最为丰富，可堪比土豆，是其他粮食作物所不具备的。

麻仔体内维生素A、维生素E、维生素B含量丰富，而且含有维生素B_{12}，这点是其他油料种子和坚果中或缺的，维生素B_{12}是天然维生素的补充来源。如此齐全的营养物质是人体健康所必需的，蛋白质、脂肪、碳水化合物、维生素、矿物质、水和膳食纤维“七大营养素”，胡麻籽占全了，还能提供1883千焦的能量，真是小小的胡麻籽，大大的能量。

营养学界和医学界没想到麻仔的营养素如此丰富，正准备就此下结论，又收到实验室的报告，它含有丰富的脂肪酸，其中α-亚麻酸、亚油酸含量最高，至此，营养学界和医学界找到了“状元县”“特殊”现象的部分原因所在，于是果断给胡麻籽冠名为“高山上的深海鱼油”。

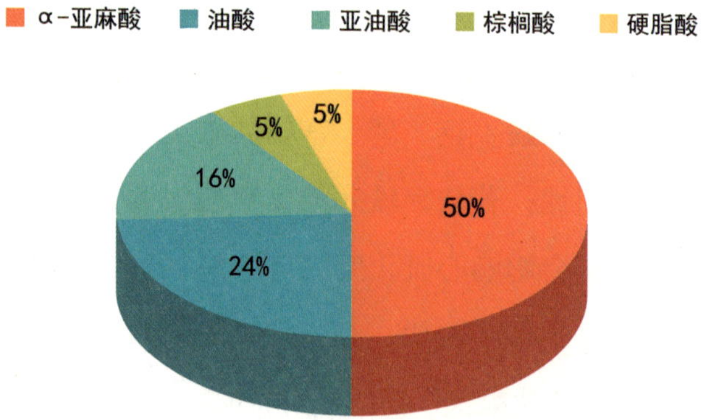

胡麻籽中脂肪酸组成比例

3. 植物“脑黄金”

到这里不得不引出一个北极故事。生活在北极地区的因纽特人，他们的生存条件极其恶劣，食物匮乏，依靠捕鱼狩猎为生，日常食物主要是肉类、鱼类，几乎吃不上蔬菜、水果，但他们不仅很少得病，而且寿命长。1906年，美国探险家斯德凡森进入极地考察，与因纽特人一起生活了11年，饮食习惯相同。回到纽约后，他通过体检发现身体非常健康，没有任何疾病。食用大量肉类的因纽特人很少长青春痘和龋齿，高血压、心脏病等心脑血管疾病的发病率也很低。这项结果令美国科学家惊讶不已。经过多年调查研究，科学家终于揭开了因纽特人健康之谜，部分原因是其所食用的海鱼中Omega-3不饱和脂肪酸含量非常高。Omega-3不饱和脂肪酸和胡麻籽中的α-亚麻酸来自一个家族，α-亚麻酸是一种特定的Omega-3不饱和脂肪酸，麻仔带着好奇心要一探究竟。

营养学家为了满足麻仔的好奇心，从脂肪酸家族讲起。

食用油中的脂肪酸可是个大家族，迄今为止人们发现存在于自然界中的脂肪酸已达数百种。从饱和键分类，把脂肪酸家族分成两支，一支是饱和脂肪酸家族，以动物油脂为主，比如：牛油、羊油、猪油等；

另一支是不饱和脂肪酸家族，包括单不饱和脂肪酸和多不饱和脂肪酸，以植物油为主。

植物油	动物油
√来自植物种子	√来自动物脂肪
√富含不饱和脂肪酸	√富含饱和脂肪酸与胆固醇
√提供能量、必需脂肪酸与维生素	√提供能量与维生素
√液态	√固态
√熔点低	√熔点高

植物油与动物油的比较

多不饱和脂肪酸营养家族包含Omega-3和Omega-6脂肪酸。这里要重点提到亚油酸和α-亚麻酸兄弟俩，兄弟两人齐心协力，为人类的健康做了很多好事。亚油酸属于Omega-6脂肪酸，对生长发育和正常代谢起重要作用。α-亚麻酸属于Omega-3脂肪酸，表现更为优秀，活跃的身影进入人体内能够转化成EPA和DHA这对“双胞胎”宝贝。“双胞胎”宝贝对人体健康至关重要，是大脑和视网膜的重要组成成分，对智力、视力发育极其重要，有植物“脑黄金”之称。人体自身无法合成，但又不能缺少这些物质。所以营养学家把亚麻酸和亚油酸家族成员一起称为必需脂肪酸，人体要从食物中才能获取。EPA能够软化血管，降低心血管疾病的发病率，能缓解血液中胆固醇含量过高，阻止动脉硬化形成，所以胡麻油又有“血管清道夫”的美誉。EPA、DHA还是心脏的保护神，能帮助人体抵抗沮丧情绪的入侵。

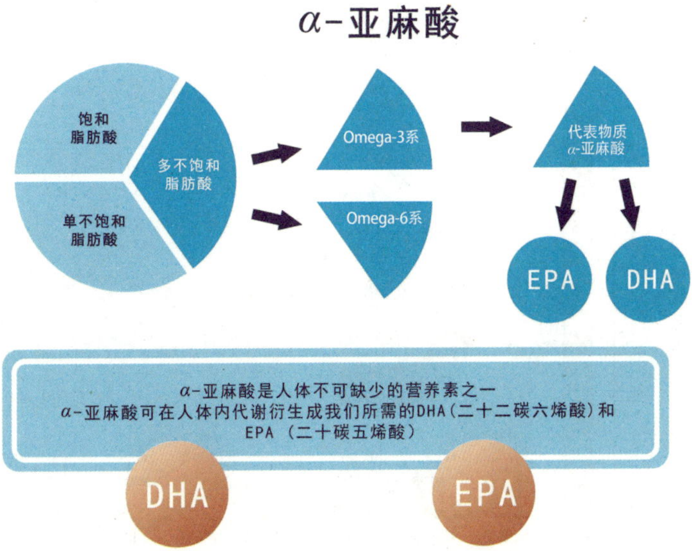

α-亚麻酸在人体内生成 EPA 和 DHA

多不饱和脂肪酸为人类做出的贡献得到国际医学界和营养学界的一致好评。生活中Omega-6脂肪酸随处可见，比如葵花籽油、豆油中都能找到它们健康活跃的身影，而这些植物油中α-亚麻酸的含量却很低。胡麻油中的不饱和脂肪酸的含量高达90%，其中α-亚麻酸的含量达50%，是植物油中含量最高的，能碾压其他食用油，如：大豆油和菜籽油中α-亚麻酸的含量均不足10%，花生油、玉米油、葵花籽油、橄榄油等α-亚麻酸的含量都不足1%。胡麻油中α-亚麻酸的含量甚至高出深海鱼油5%，也就是前面提到的因纽特人所食用的深海鱼类。

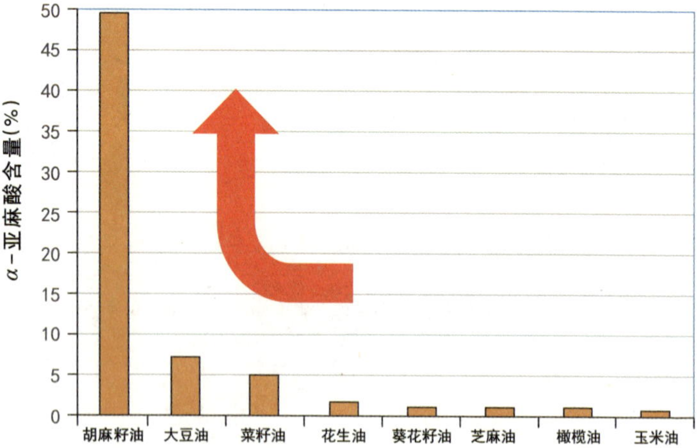

各种植物油中α-亚麻酸含量比较

EPA、DHA的母体是α-亚麻酸，这对“双胞胎”宝贝又是深海鱼油中的有效成分，因此胡麻籽油也被称为“草本鱼油”或高山上的“深海鱼油”。

麻仔豁然开朗，原来自己真的有“两把刷子”啊！营养学家告诉麻仔，还有未曾谋面的家族成员等待它进一步去了解、认识，但是现在要做的是为麻仔“脱毒”。

4.“脱毒”保安全

麻仔听了要为自己“脱毒”，不禁自知地笑了。麻仔知道自己身体里有“毒”，种子基因库里自带的，无法改变。原来植物为了保护自己，要么通过散发难闻气味，要么在身上长满尖刺，要么带“毒”生存，达到抵御外侵、自我防护的目的。胡麻籽属于后者，胡麻籽中含有生氰糖苷、植酸等少量有毒物质或抗营养因子，不建议直接生食。经加热、烹煮或微波等加工方式处理后，胡麻籽中的有毒物质分子结构被破坏，毒副作用消失。

中国于2017年12月发布《关于通报亚麻籽适用标准的函》，明确胡麻籽宜在标签标示“熟制后食用”

“脱毒”保安全

等类似消费提示。胡麻籽虽好，但建议食用时每次不超过4克，每天不超过16克。

胡麻籽因含有大量不饱和脂肪酸，容易受温度、氧气、光照等影响发生氧化变质，产生苦味，此时不能再继续食用。如需短期保存，建议冷藏，减缓氧化速度。如需长期保存，建议冷冻。

5. 不负“食”光

中国有句老话：“开门七件事，柴米油盐酱醋茶。”意思是说，不论贫贱富贵，从早上一开门，一天的生活都离不开这七件东西。“七件事”中食用油的作用不可小觑。有这样一则广告：“你知道人一生要吃掉多少油吗？约1.18吨，容量相当于6441瓶饮料，数量相当于20000个鸡蛋……”你可能会对这个数字感到惊叹，事实的确如此。

民以食为天，食以油为先。食用油是生活必需品，是人们烹调食物时不可或缺的植物类或动物类油脂。根据2022年新修订的《中国居民膳食指南》建议，每人每天控制烹调用油不超过30克。常温下，植物类油脂成液态，动物类油脂常成固态。按油料植物

《中国居民膳食指南（2022）》

属性的不同，可划分为草本植物油和木本植物油，花生油、菜籽油、大豆油、胡麻油等属草本植物油，橄榄油、棕榈油、山茶油、核桃油等属木本植物油。

胡麻油又称胡麻籽油或亚麻籽油，色泽呈褐红色，用温火煎、炸，气味香浓，可用于炒菜、调味、凉拌、制作各种糕点。传统的胡麻油以冷榨为主，保留了胡麻原有的鲜味和营养成分，色泽明亮。

在传统的饮食习惯影响下，北方人比较重口味，

生榨胡麻籽油

经常用胡麻油炒菜，浓香型胡麻油深受北方人青睐。所以后来就有了把胡麻炒熟了再榨油的习惯，熟胡麻油散发浓郁的芳香，味道更加鲜美，颜色更浓厚。人们喜欢用它炒菜、烙饼、拌饺子馅，家家都离不开它。如今，在西北一带，还有胡麻卷、胡麻烤馍、胡麻月饼等特色美食。

6. 为健康添“油”增彩

中国地域广袤，食用植物油种类繁多，东西南北各有差异。花生、油菜、芝麻、胡麻、向日葵的生产规模大、商品率高，被称为五大油料作物，是中国主要的食用油源。从饮食习惯上看，东北、华北、华东、华南地区分别偏爱大豆油、花生油、菜籽油等，西北地区多食用胡麻籽油，湖南、四川、贵州、云南等地的少数民族比较喜欢茶油，海南人最爱椰子油。有统计数据显示，2016年至2017年，大豆油、菜籽油、花生油等占据中国食用植物油消费总量的96%，其余的植物油，如：胡麻油、玉米油、芝麻油、橄榄油等不常见的植物油累计占比4%。由于地域分布和产量的限制，胡麻油消费比例明显偏低，属于不常见油品，但在中国北方特别是西北地区却是主要的食用油品。

货柜上，琳琅满目的食用油品，摆放整齐，晶莹剔透，泛着鲜艳的色泽，仅胡麻油就有低温冷榨胡麻油、浓香胡麻油、胡麻调和油等。面对众多油品，如何选择适合自己的食用油，为健康保驾护航，专家给出了答案。

首先是婴幼儿和青少年，需开发人体“最高领导机构”——大脑，促进身体生长发育，更需要添“油”增彩，应当首选含有可促进脑部发育、增强记忆力、提高机体免疫能力的胡麻籽油；或选择营养物质丰富，含有脂溶性维生素，易被人体吸收的橄榄油；或选择营养均衡的调和油。中年人大多承载着生活、工作双重压力，身体的新陈代谢循环减慢，容易出现肥胖症、高血压等疾病，建议选择含有促进新陈代谢、降低血脂和胆固醇功效的不饱和脂肪酸的食用油，如：胡麻籽油、大豆油、调和油。对于患有基础疾病的老年人需要区别对待，譬如高血压患者可以食用含不饱和脂肪酸的胡麻籽油、大豆油、菜籽油和葵花籽油，糖尿病患者建议选择亚油酸含量较多的葵花籽油、玉米油等。

六、精华荟萃　润物无声

营养学家曾告诉麻仔，它还有其他的家族成员有待认识，它一直迫切等待着这一天早点到来。随着营养学界和医学界对胡麻宝藏家族的深入研究，胡麻籽独有的价值令人赞叹不已。这一天，营养学家召集胡麻籽家族成员聚会，让他们成员之间见个面，也满足麻仔“认亲”的愿望。

1. 家族大聚会

胡麻家族的所有成员都聚齐了，以α-亚麻酸为代表的多不饱和脂肪酸打头阵，有蛋白质、矿物质、维

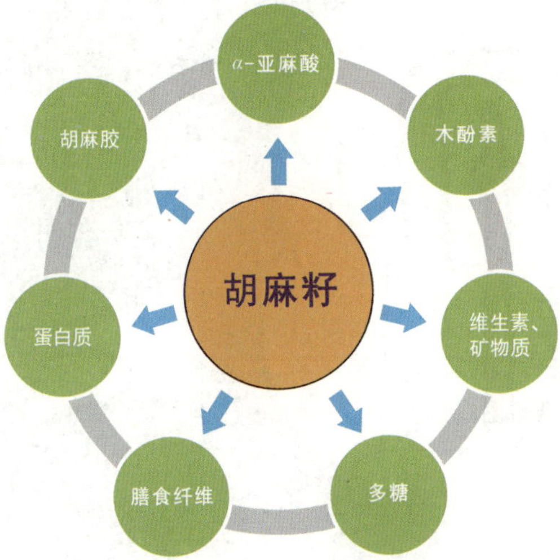

浑身都是宝的胡麻籽

生素、木酚素、胡麻胶、膳食纤维、多糖，它们都期待着找到自己的定位。

麻仔首次见到了营养学家所说的其他家族成员，格外兴奋，仔细地听它们的发言。首先发言的是α-亚麻酸。

（1）α- 亚麻酸

α-亚麻酸神采奕奕，向大家问好后，它阐明：身体缺少它是导致肥胖、高血压、高血脂、心脏病、糖尿病等疾病的重要诱因之一。它能影响人类的身体健康和寿命，对人类的智力水平也起着决定性作用。

胡麻的治疗功能

α-亚麻酸再次重申，它进入人体后，生成EPA、DHA这对“双胞胎”宝贝，这两种物质是目前为止既不能人工合成，机体也不能自行生成，只能通过外源来补充的人体必需营养素。值得骄傲的是，α-亚麻酸在胡麻籽油中含量高达50%。更为重要的是，有权威机构经过无数次实验验证，确认α-亚麻酸有降血脂和降血压，增强自身免疫力，预防糖尿病等疗愈功能，并确认胡麻籽油是α-亚麻酸的最佳食物来源之一。

说完，α-亚麻酸谦逊地笑着。让我们看看下一位发言的是谁?

（2）木酚素

木酚素着急地站起来，迫不及待地发表自己的观点：科学家在寻找可能预防癌症的众多食品中，第一个被证明为最有前途的食品就是胡麻籽，因为胡麻籽中有一种比较珍贵的生物活性物质，叫作“木酚素”。木酚素主要从榨油后的饼粕和脱壳后的富壳中部分提取。

木酚素潇洒自如，手里不停地比划着，继续陈述。胡麻籽中木酚素的含量比其他谷类、豆类等作物要高出75至800倍，是最高的。木酚素与人体雌激素结构极为接近，被认为是一种植物雌激素，可调节人体雌激素水平，具有减轻更年期症状、预防骨质疏松的作用。研究表明，胡麻籽木酚素进入人体后，能够抑制乳腺癌、结肠癌、前列腺癌细胞的形成和生长，降低发病率，抗癌作用已被国外医学界用于临床。

木酚素又补充说，目前它既能作食品，又能作药品，还能作化妆品，真是一物多用啊！作为食品，人们把它作为添加剂，以粉末、片剂或糖浆、果汁等形式，将它添加到蛋黄酱、冰激凌、运动饮料、巧克力、糖果里。作为药品，人们把高纯度的木酚素临床用于肿瘤、糖尿病、动脉硬化等疾病的辅助治疗。作为化妆品中的原料，木酚素起着抗老化的作用，在防治肌肤老化、改善肌肤松弛度等方面也有作用。

木酚素话音刚落，胡麻胶开口说话了。

（3）胡麻胶

胡麻胶又称“富兰克胶”，主要存在于胡麻籽最外层，是世界上为数不多的天然植物胶之一，因其增稠、起泡、乳化等特性，以及降胆固醇、降血糖等作用，常常被作为天然食品添加剂和药品原料。中国将其认定为新型绿色食品添加剂，将其添加在肉制品、

作为药品，人们把高纯度的木酚素临床用于恶性肿瘤、糖尿病、动脉硬化等辅助治疗。

多种用途的胡麻籽木酚素

作为食品，人们把它作为添加剂，添加到蛋黄酱、冰激凌、运动饮料、巧克力、糖果里。

作为化妆品中的原料，木酚素起着抗老化的作用，在防治肌肤老化、改善肌肤松弛度等方面也有作用。

面条中，可防止淀粉老化，改善食品品质。同时它还具有护肤、美容等保健功效。胡麻胶的发展前景还有待进一步研究和开发。

营养学家听完胡麻胶的叙述点点头，表示同意，随即点名让胡麻籽蛋白质发言。

（4）胡麻籽蛋白质

胡麻籽蛋白质非常含蓄，娓娓道来："胡麻籽是一种富含蛋白质的种子，蛋白质含量可达30%。大家都知道蛋白质是生命的物质基础，是机体细胞、组织和器官的重要组成成分，是生长发育和修补组织的原材料。如果人体失去30%的蛋白质，生命活动就会停止。如果没有蛋白质的修复，皮肤表皮的割伤会长久不能愈合。如果体内缺乏蛋白质，人体抵抗力下降，细菌就会轻易侵入身体，使人生病。生活中，蛋白质主要源于豆类、肉类和禽蛋奶。"

说到蛋白质，这不得不提到日常生活中常见的大豆蛋白质，一种优质植物蛋白质，其营养价值可与动物蛋白质媲美，因此也被认为是最具营养的植物蛋白质。胡麻籽蛋白质含有人体所必需的9种氨基酸，也是一种优质植物蛋白质，更适合开发婴幼儿食品。

人体缺少蛋白质的表现

营养学家听完α-亚麻酸、胡麻籽木酚素、胡麻胶和胡麻籽蛋白质的陈述，首先肯定了以上四种物质的价值。从营养价值和保健功能上，它们各个都不容小觑。经会议研究，大家一致同意α-亚麻酸是胡麻籽的第一宝，同时也肯定胡麻籽膳食纤维、多糖、维生素和矿物质对人类的健康所起的重要作用。胡麻籽膳食纤维能增加胃部饱腹感，减少食物摄入量，预防肥胖。胡麻籽多糖能清除自由基、延缓衰老，已用于食品、药品和化妆品工业。

认识你自己

这一场聚会就此结束，大家都找到了自己的定位，兴高采烈。麻仔更是感慨万千，知道了家族成员储备丰裕的同时，“认识你自己”这句古希腊德尔斐神庙门楣上镌刻的箴言，在它头脑中反复闪现。生命似一座宝藏，可开发利用的潜能无限。麻仔决心与其他成员同心协力，发挥现有的和有待挖掘的能量，配合科学界，默默奉献，实现综合利用价值，为人类做出更多贡献。

2.“纤维皇后”

有一个传说故事，一个女孩为救变成天鹅的哥哥们，不能说一句话，要日夜不停地用胡麻编织成斗篷给哥哥们穿上，才能让他们重新变为人类。人们都被蛊惑，认为女孩是女巫，准备烧死她。女孩竭尽全力，终于在最后关头，织好了胡麻斗篷，救了哥哥们并洗清了冤屈。

衣食住行是人类生活缺一不可的物质需求，胡麻可谓是双栖明星，在衣和食两方面极大满足了人们的需求。在距今5000年前的埃及古墓中，法老木乃伊常常用胡麻织物包裹，胡麻纤维创造了千年不腐的神

胡麻——“纤维皇后”

话，是历史文化中的传奇植物，为古代埃及王国注入了神秘的色彩。数百年来，天然胡麻有“纤维皇后”的美誉，胡麻文化风靡欧洲上流社会，他们把使用胡麻制品看作身份的象征。如今，胡麻织品越来越受到设计师们的喜爱。胡麻纤维强度高，可任由调色刀在上面刮、压，不易撕裂或戳破，还可用来制作油画的画布。

3. 浑身是宝

除可食用外，胡麻油兼有保健功能，还是生产化工产品的优质原料。胡麻油较易吸收空气中的氧气而迅速干燥，是一种较理想的干性油，可以用于制作油漆、印刷油墨、颜料、人造橡胶、肥皂等的原料，也可应用于造纸、制革、机械等工业生产。

压榨后剩余的饼粕中含有氮、磷、钾及其他有机营养成分，是牲畜、家禽的优质饲料，将其磨碎后又可作为优质肥料。同时，饼粕也是制作尼龙、橡胶、味精、酱油等产品的原料。

胡麻剥去纤维后剩下的麻屑，是造纸、生产人造丝和醋酸纤维素的原料。如用来压制纤维板，麻屑可

浑身是宝的胡麻油

以代替木料制造民用家具，是包装和建筑用的良好材料。浑身都是宝的胡麻，从头到脚都被利用起来，充分体现着自身的价值。

浑身是宝的胡麻饼粕

味精

七、华丽“变”身

1. 去皮成“仁”

胡麻籽中76%的蛋白质含量存在于胡麻仁中。由于胡麻籽壳坚硬、光滑，与胡麻仁结合紧密、难分难舍，想将胡麻籽壳仁分离可不是件简单的事情。为了脱去胡麻籽的外衣，人们想了很多办法。

现代化厂房内敞亮、整洁，机器设备有序运转，生产作业有条不紊，胡麻籽就要在这样的环境里完成华丽的“变”身。

运载着胡麻籽的车队浩浩荡荡地开进了厂区，马不停蹄地进入了过滤分选机，它们秩序井然，上下翻转，一遍遍地筛选出泥土、沙石。伴随着离心脱壳机的轰鸣声，胡麻籽小小身躯进入高速运转的机器中，刹那间发生的碰撞，力量之大，如排山倒海般冲压过来。胡麻籽旋转、翻滚，外壳开始变形并出现裂纹，又经反复循环撞击，胡麻籽外衣破碎，胡麻蛋白质和粗纤维依依不舍地招手再见，直至油润洁白的身姿出现。顾不上休息，胡麻仁又马不停蹄地穿梭在机器中，进入下一个制作环节，生命的华彩乐章又将重新演奏。胡麻籽就是在这样“千锤万击”中不断蜕变。

人们还想到了另一种脱去胡麻籽漂亮外衣的方法：把胡麻籽投放入碾米机中，磨料和籽粒亲密接触，产生强大的摩擦力和剪切力，胡麻外衣不停地接受碾搓，循环往复，直至外衣破碎脱离。分离后的外壳再进一步深加工，实现综合再利用。

2.“粉”身呈现

近年来，现代人健康意识增强，吃“全食品”已经成为一种养生时尚，全麦面包、全谷物等货品出现在商超的货架上。胡麻籽经物理机械“粉身碎骨”后得到的胡麻籽粉营养价值更高。商家把胡麻籽粉独立包装售卖，买回来的胡麻籽粉可以直接用开水冲泡，或添加到牛奶、稀饭里，或添加到花卷和馒头里，既营养又美味。

面包房里，烘烤师傅常常用胡麻籽烤制面包。如果你有兴趣，可以尝试从网络搜索学习制作胡麻籽面包和胡麻籽饼干，制作步骤简单，容易上手，不妨试试吧！

胡麻籽面包

胡麻籽功能性食品已成为健康达人的生活必需品。最近，黄金胡麻籽饼受到好评，这是能够当零食吃的“深海鱼油”，不仅营养价值高，还特别好吃。金黄色的胡麻籽饼上点缀着超多白芝麻，一口下去比薯片还酥脆，胡麻籽的独特香气混着芝麻的油香，香气浓郁。

3.“油”然而生

（1）古法压榨

一粒胡麻籽从播种到收获，终于完成了生长任务，但还有一段神奇之旅等待着胡麻，让我们一起来看看吧！

秋冬季节是油坊最忙碌的时候，大家都想在这农闲时节享受忙碌过后丰收的成果。想要榨油的人很多，需要早早去榨油坊排队等候。孩子们为了满足好奇心，也凑着热闹赶往榨油坊，可见榨油坊门柱上气势磅礴的对联。

上联：榨响如雷，惊动满天星斗。

下联：油光似月，照亮万里乾坤。

榨油要想有好油品，先要对胡麻进行榨前处理，

古法压榨工艺流程图

碾磨
踩踏
蒸制
装饼

就是清除杂质，确保油的品质。将精心筛选后的胡麻籽放进平底大锅中炒制。炒制胡麻籽是最关键的一步，这需要榨油师傅掌握好火候，炒过了，易焦煳；火候不到，出油量小，有经验的榨油师傅会把火候掌握得恰到好处。胡麻籽在锅里翻炒，大约20分钟，火慢慢烘干水分，香味开始四处弥漫。胡麻籽油脂丰富，将炒好的胡麻籽摊开晾凉后，倒入大石磨磨盘中，在硕大的磨盘碾磨下，磨出来的不是粉状物而是油泥，像陶土一样，醇香四溢。把油泥放在一个池子里，榨油师傅把腿脚洗干净后，光着膀子在池子里反复踩踏。孩子们跃跃欲试，但只有看的份儿。

榨油的另一环节，就是把油泥放入蒸笼里，点火蒸透，然后用稻草包好，做成饼状，嵌进圆形铁箍里。当这一切准备就绪，半个篮球场大小的油坊里庞大的装置就该登场了。

将油饼码齐放进由一根整木凿成的木榨肚里，这根整木由两个人才能抱住的树干制成，它是整个榨油坊的“主机”。榨油师傅把长短、厚薄不均的木楔挤进榨肚缝隙间，双手紧握撞槌，把撞槌狠狠撞向木楔。掌槌的师傅要确保每次撞击都准确无误地砸向木

从种植到餐桌

楔，一般人没有这个本事，撞槌太重，没有两三个人是抡不动的，所以家庭榨油都会请人帮忙。掌槌师傅身子一会儿前倾一会儿后仰，发出“嗨哟”的吼声，后面的人也大声随和着，声音粗犷洪亮，像是没有伴奏的小合唱。铿锵有力的劳动号子，伴着四溢扑鼻的醇美油香，撞槌不断地撞击木楔，嵌进去一根，又新插进去一根，一点点地将胡麻饼挤薄，油就在这样的挤压中渗出来。周围凑热闹的孩子们随着撞槌前后跑着跳着，在童年的记忆里留下难忘的印记。

传统的榨油全靠人工把握，出油率没有保障，炒、碾、蒸、榨工序多，劳动强度大，特别是使用撞槌，不流一身汗，榨不出一滴油。

（2）现代工艺

随着人类生产技术的发展，植物油脂的生产工艺不断改进，过去农民经过不断摸索发明的撞榨、锤榨、人力丝杆榨等土榨方法基本成为历史了，但北方农村还保留部分土榨办法，坚守着世代相传的古老工艺。目前，高效省力的榨油方法有机械压榨法、溶剂浸提法。

机械压榨法工艺简单，是目前胡麻油的主要提取方法，包括热压榨法、低温冷榨法。螺旋榨油机已准备就绪，旋转的螺轴在榨膛内，胡麻籽被不停地向前簇拥，随着螺轴间距的不断缩小，榨膛内空间越来越逼仄，受强大力量驱使，胡麻籽被阻挡并被压缩，油脂从榨笼的缝隙中挤压流出，残渣被压成饼块从榨轴末端不断排出。

热压榨法和低温冷榨法有什么区别呢？热压榨法是把原料用高温炒熟后，再利用螺旋榨油机榨油，这种方法出油率高，油的气味芳香浓郁，油品色泽较暗，保质期较短；低温冷榨法是胡麻籽不经高温蒸炒直接压榨，这种方法能使营养免遭破坏，最大程度保全生物活性成分，具有较好品质。近些年，人们对食品营养的追求越来越高，冷榨油因色泽良好、气味天然、营养没被破坏，日益受到消费者的青睐。

溶剂浸提法可能会挑战你的认知。胡麻籽被精挑细选后，放入有机溶剂中浸泡，这种溶剂能把油料中的油脂萃取出来。抽提出的胡麻油经过“六脱”工艺，即脱脂、脱胶、脱水、脱色、脱臭、脱酸，提高胡麻油品质。这种制油方法比机械压榨法制油更为先进，效率高、成本低、劳动强度小，但是油脂中会残留溶剂，对油品的营养价值破坏较大。

随着科技的不断发展，新的提取工艺如超临界萃取法、生物酶法，因出油率高，无溶剂残留，品质更好，会逐步替代其他的制油法。

胡麻油的营养价值被大众认可，市面上有假冒伪劣的胡麻油充斥其间，想学会识别胡麻油，谨记以下要点：

一闻：胡麻油的醇香是别的食用油不具备的，不具醇香则不是真的胡麻油，或者是存放时间长了已被氧化。

一闻

三尝

二看

四比

如何识别胡麻油

二看：胡麻油的颜色是褐红色的，取少量是亮黄色，把它放在冰箱里，冻结后呈小晶体颗粒状，如果其中有了白色物质，那一定是掺假了。

三尝：胡麻油吃到嘴里有一种绵绵的感觉，而且嗓子眼也有香味，用舌头在嘴中抿，余香不止。

四比：俗话说便宜没好货，好货不便宜。遇到价格太低的胡麻油就要擦亮眼睛，提高辨识能力，不能把冒名顶替的油带回家。

八、味蕾在舌尖绽放

丰富的美食文化，使人们不仅重视舌尖上的美味，更重视胡麻油对健康的益处。把饮用胡麻油作为日常保健，这样避免加热导致胡麻油氧化变质，能最大程度保持α–亚麻酸的功效。每天喝一小勺胡麻油，人体所需的α–亚麻酸、DHA、EPA就足够了，宝宝如果直接饮用，只需3毫升至5毫升。

当下还有一个流行的时髦吃法，用胡麻油拌酸奶，你试过吗？酸奶和胡麻油交融调和，相得益彰，还能产生对人体有益的保护物质，抵抗有害细菌的侵袭。

舌尖上的胡麻

无论是品类丰富的面制品还是花样繁多的菜品，都少不了胡麻油的参与 。

1. 油香

油香，是回族同胞的一种传统美食。用面粉做成饼状，炸至金黄膨起，就成了香喷喷的油香。每逢回族传统节日，家家都要制作油香，不仅自己食用，还要招待亲朋好友，馈赠邻里乡亲，相互品尝，以此增加人们之间的联系和感情。小小的油香是团结、友谊和幸福的象征。油香简单易做、松软可口，制作的习惯各有千秋，香豆粉是回族油香的灵魂，发面与烫面的混合，使得油香瓷实却又松软。

部分北方人喜欢用胡麻油炸食品，用胡麻油小火微炸，油香焦黄油润，香味扑鼻。受大家欢迎的还有油炸馓子、油炸糕、油炸夹板等食品，酥脆的外皮，金黄的色泽，悠长的香气，回味久远。

2. 胡麻油牛肉馅饼

用传统压榨胡麻油制作的香酥牛肉馅饼，外皮薄如纸片、口感酥脆，吃上一口，回味无穷。北方城市饼店面前人们摩肩接踵排起长队想要购买的就是这种馅饼。相传唐太宗在长安城内微服私访，见一小铺前人头攒动，排队的男女老少蜿蜒至店外，阵阵异香扑鼻而来，随从上前询问，原来众人是在购买一种牛肉馅饼。于是随着众人排队买了两个，唐太宗顾不得饼热烫嘴，忙咬一口，只觉得饼表皮酥脆、碰牙即碎，饼内却柔嫩异常，葱花牛肉馅料足，待一个吃完，这才定神看手中的第二个饼，只见其形圆如满月，色似金琼，饼中螺旋纹优美如涟漪。太宗念念不忘这家的牛肉饼，常跑出宫来尝鲜。

该牛肉饼是在继承了传统配方和制作工艺的基础上又进行了创新和突破。经过多次改良后，牛肉馅饼风味更加独特，面脆油香，营养丰富，外形玲珑剔透，入口油而不腻，充分满足味蕾。

3. 胡麻盐卷卷

北方八月，瓜果飘香。瓜田里一片繁忙，瓜农的午饭要在田间地头解决。农妇拿出早已备好的胡麻盐卷卷，瓜农们围拢在一起，就着西瓜，美美地吃起来。只见瓜农们把焦酥的卷卷当作餐勺，扤着西瓜，一口下去，甜咸交汇，伴着一股浓郁的奇香，这就是北方农村农忙时的代餐美食——胡麻盐卷卷泡西瓜。

这卷卷香味的来源就是胡麻。胡麻籽加盐调味，用老式手动滚轴反复碾压，摩擦产生的热使香味四散飘逸，最后磨成胡麻籽碎儿。农妇动作麻利地揉面、擀面，在偌大一张面饼上抹胡麻油，撒上胡麻籽碎儿，折叠、卷曲、分割、压实，巧妇挥洒自如地完成了卷卷的造型。刚出炉的卷卷松软饱满，把卷卷摊开晾晒，干燥后的卷卷更好吃，保存时间长，胡麻的浓香也能保留良久。

4. 炸馓子

北方有炸馓子的习惯，用的也是胡麻油。通常要把面搓成细条，左盘右绕，用筷子撑拉，在油锅里炸，没一会儿工夫，金黄酥脆的馓子像变戏法儿一样出炉了——白面被镀上一层夺目的金黄。大街小巷随处都可以买到好看又好吃的油炸馓子。

5. 烤全羊

北方人热情好客，每逢亲朋好友登门拜访，他们

胡麻油炸馓子

喜欢用烤全羊招待客人，色、香、味、形俱全，同样少不了胡麻油的参与。烤制全羊的过程中，多次趁热刷上胡麻油，每刷一次油就滋滋作响，羊肉的浓香和胡麻油的清香融合更深入，味道更醇厚。反复多次烤制好后，外表焦黄发脆，内里绵软鲜嫩，羊肉清香扑鼻，激发起诱人的食欲，吃上一口，外脆里嫩，滋味浓郁，满口留香。

九、胡麻的文化底蕴

在我国一所农业大学，学生会正在举办一场以“胡麻”为专题的田园诗话会，要求学生们搜集古往今来以胡麻为题材的诗歌、散文等艺术作品，以朗诵或歌唱等表现形式再现胡麻的风采。

让我们一起来观看同学们的精彩演出。

1. 时光穿越

历史上，描述赞美胡麻的诗词歌赋不绝于耳，说明胡麻的重要价值和对人们生活影响之深远。同学们时空穿越到了宋、元等朝代，相聚在舞台上，分别吟诵了有关胡麻的诗句。

时光穿越到了宋代，小毛吟诵起了梅尧臣的《种胡麻》：“勉力向药物，曲畦聊自薅。胡麻养气血，种以督儿曹。傍枝延扶疏，修荚繁櫜韬。霜前未坚好，霜后可炮熬。”诗人通晓胡麻的种植方法，懂得节气与物候，熟知田间管理，并且认为食用胡麻有滋养气血的功效，要求儿孙们也要种植胡麻。

胡麻田园诗话会

不只有这一首，陆游的《闲居七首·其三》中提道："厨给胡麻粒，山供鹿脯盘。"还有书法家黄庭坚的"寿亲颊如木丹色，胡麻炊饭玉为浆""个中渴羌饱汤饼，鸡苏胡麻煮同吃"。胡则的《题紫霄观》中提道："深倾玉液琴声细，旋煮胡麻月色低。"

穿越还在继续，元代王冕在《山水图》写道："一望东南竟海涯，仙人何处饭胡麻？树阴霭霭欲生雨，山色重重似削瓜。"

明代有关胡麻的诗作也不少，李言恭有诗云："夜静白云鹤睡，春深红树莺啼。若问幽栖何处，胡麻流出山溪。"

有意思的是，出自宋、元、明朝等诗人之手的胡麻诗句多达百余首，可以想见，胡麻在当时人们的生活中有着重要的地位，被文人雅士所喜爱，并写进诗词里流传至今。

2. 民间小调串唱

大屏幕上投射出正在创作的一幅沙画作品，只见创作者手法娴熟，没几下就勾勒出远山、开阔的田野、盛开的朵朵胡麻花，以及翩翩欲飞的蝴蝶。

三位表演者依次登台，分别演唱了宁夏民间花儿《拔了麦子拔胡麻》、青海民间小调《王哥拔胡麻》、陕北民歌《蓝花花》《胡麻开花》，曲调高亢悠长、豪放嘹亮，节奏轻快，情感朴实真挚，歌曲再现了农民在田间劳作的场景，抒发了朴素、纯真的劳动情怀，乡土气息浓郁，又有流畅优美的小调韵味，观众席上爆发出阵阵掌声。

3. 散文诗歌诵读

胡麻讲述着难忘的故事，胡麻承载着浓浓的乡愁，胡麻蕴含着深刻的人生百味。但凡种胡麻的人、吃胡麻的人都有胡麻情结。当代专业作家和业余文学爱好者创作了不少有关胡麻的诗歌、散文作品，生动地描绘了胡麻种植、采收、加工、食用等场景，表达对胡麻深深的眷恋和感激，展望胡麻产业健康发展的未来。

大学生们截取了部分作品，声情并茂地朗诵了诗歌《胡麻颂》《胡麻地的另一种抒情方式》，散文《胡麻油赋》《胡麻的诗心》等。

4. 唢呐独奏

喷呐以独有的明亮、浑厚、深沉的演奏特点，再现出劳动人民拔胡麻的场景。《拔胡麻》曲调高亢、优美，穿透力、感染力强，人们仿佛被带到丰收场景中，随之鼓舞，随之振奋，感受到了劳动人民的喜悦之情，领略了胡麻之美。

后记

2020年11月，我因工作需要到河南工业大学出差，参观粮食博物馆时偶然得知师高民馆长承接的“中国饭碗”丛书正在筹划编写，我蠢蠢欲动，也想尝试写一种作物来表达自己这么多年对粮食的喜爱之情。我把想法告诉李建成副局长后，李局长推荐写胡麻，并积极向师馆长申请，得到同意后，深感荣幸，便着手准备。书店里相关书籍少之又少，图书馆里也是20世纪七八十年代的胡麻小册子，无奈从网上购买了几本书，作为编写的基础资料，也打开了深入了解胡麻的知识大门。

编写过程中，我对胡麻这株弱小的植物产生了越来越深的喜爱和敬重，并尽力透过文字传达这种情感，使读者能感受到胡麻的朴实无华、坚忍顽强、默默奉献的精神品质，同时歌颂土地，感恩大自然，感谢劳动人民的劳动成果，爱物惜粮，使读者在获取知识的同时，情感也能有所触动，珍惜大自然给予人类的一切。

编写的过程艰难，资料少唯恐不能全面叙述，同时又恐能力不及，交稿时延误时机。带着复杂心情，穷尽一点所学，勉强完成。在此期间得到师高民馆长的悉心指导，李建成副局长的多次提醒和修改意见，后期又得到林隧绘画团队的大力支持与配合，在此深表感激。同时也向我学习借鉴的胡麻读物的作者深深地鞠躬，基于你们对胡麻长期的观察和研究成果，才有此书的问世，在此表示诚挚谢意！感恩胡麻，一株小小的植株却承载着巨大的使命，默默奉献，有限的笔墨难以书尽对胡麻的喜爱。

水平有限，错讹及遗漏，敬请读者批评指正！

王忠艳